译文经典

# 爱欲与文明

# Eros and Civilization

Herbert Marcuse

〔美〕赫伯特·马尔库塞 著

黄勇 薛民 译

上海译文出版社

# 目 录

# 1966年政治序言

《爱欲与文明》这个书名表达了一种乐观的、委婉的甚至是积极的思想：发达工业社会的成就能使人扭转进步的方向，打破生产与破坏、自由与压抑之间命运攸关的联合，换言之，它能使人懂得作乐的科学，以使人在反抗死亡威胁的一贯斗争中，学会按照自己的生命本能，用社会财富来塑造自己的环境。这种乐观主义的根据是假定那些使人们长期接受统治的理论根据已经失效，匮乏和苦役这些现象也只是为了维护统治制度而被“人为地”维持着。我当初忽略或者说低估了这样一个事实：这种“行将失效”的理论根据曾被更为有效的社会控制形式（如果不是取代的话）大大强调。正是使社会得以平息生存斗争的那些力量压抑着个体寻求这样一种解放的需要。只要高标准的生活尚不足于使人们与其生命和其统治者和解，灵魂的“社会工程”和“人类关系技术”便会提供必要的力比多情感贯注。在富裕社会里，当局几乎无需证明其统治之合理。他们提供大量物品；确保臣民的性欲能量和攻击能量。与他们那样成功地代表的破坏力量也即无意识一样，他们也处于善恶之外，在他们的逻辑中，没有矛盾律的地位。

当社会的富裕日益取决于不断地生产和消费无用的垃圾货、不实用的小玩艺、故意制造的易耗品和破坏手段时，个体就决不能仅以传统的方式适应这些要求。看来，即使是最精致的经济之鞭也难以保证生存斗争能在今天已过时的社会组织中持续下去。同样，法律和爱国精神看来也难以保证人民大众会积极支持这个制度的日益危险的扩张。因此，科学地看待人的本能需要早已成了使制度得以蕃衍的一个重要因素。这种科学的态度就是把必须购买和使用的商品变成力比多的对象；把人们憎恨并与之斗争的民族敌人加以曲解、扩大成能激起并满足无意识深层的攻击性要求的东西。大众民主为这种现实原则的心力内投提供了政治装饰；它不仅允许人民在一定程度上可以选择自己的主人，参与统治自己的政府，而且还使主人们藏匿在一层由他们控制的生产和破坏设施的技术面纱背后，并掩盖了合作者在接受它的好处和舒适时所付出的人力(和物力)代价。虽然被有效操纵和组织的人是自由的，但无知、无能和内投于心的他律却是人获取这种自由的代价。

对自由人侈谈解放毫无意义，因为所谓自由人也就是不受压迫的人。同样，当男男女女们享受着前所未有的性自由时，侈谈额外压抑也是没有意义的。但事实上，这种自由和满足正在把人间变成地狱。在一些遥远的地方，如越南、刚果、南美和一些“富裕社会”的少数民族聚集地，如密西西比州、亚拉巴马州和纽约的哈莱姆黑人区，就是这种人间地狱的主要部分。这些局部地区说明着总体的问题。要把这些地方说成是发达社会中的一些贫困与不幸的小角落，而且认为这个社会也有能力逐渐地、温和地清除这些小角落，这不仅是很可能，而且也是很合乎情理，甚至很实在而正确的解释。但问题在于，发达社会为清除这些角落，付出了什么样的代价？难道不是美元和美分，而是人的生命和自由吗?

使用“自由”一词时，我是十分犹豫的。因为时下一些对人类犯下的罪恶恰恰打着自由的旗号。这种情况在历史上也屡见不鲜，因为贫困和剥削是经济自由的产物，全世界人民都曾一再得到其主宰和君主施与的自由，而他们的新的自由结果表明只是对别人的法律统治(而不是一般的法律统治)的服从。这样，最初的暴力征服很快就变成了“甘受奴役”，变成了通力合作，以蕃衍一个使受奴役变得越来越有价值、越来越有意义的社会。这种同一生活方式的蕃衍规模越大、质量越高，就越是明显地、必然地表明，所有能够消除主奴关系并使压抑不再出现的其他可能的生活方式都已消失殆尽。

今天，自由和奴役的结合变得理所当然了，它已成为进步的一种手段。繁荣正越来越成为自动化生产的前提和副产品，这种自动化生产一方面正在内外层空间寻找消费和破坏的新出路，另一方面却又不愿进入国内外的贫困地区。人类的自由形象由于反对自由和攻击、生产和破坏的这种结合而被歪曲了，它成了颠覆这种进步的计划。要解放追求和平与安宁的本能需要，要解放“非社会性的”、自主的爱欲，首先就必须从压抑性的富裕中解脱出来，即必须扭转进步的方向。

我在《爱欲与文明》一书中业已提出，并在《单向度的人》一书中更充分地展开了一个论点，认为摆脱战争福利国家命运的惟一途径是要争取一个新的出发点，使人能在没有“内心禁欲”的前提下重建生产设施，因为这种内心禁欲为统治和剥削提供了心理基础。人的这种形象是对尼采超人的断然否定：这种人智力发达、体魄健壮，不崇尚英雄也无需具备英雄品德；这种人不想过岌岌可危的生活，不想迎接挑战；这种人心安理得地把生活作为自在的目的，快乐地过着无忧无虑的生活。我的“多形态性欲”一词的意思是指，进步的这个新方向将完全取决于是否有机会使受压抑、被束缚的有机体的生物需要发挥积极的作用，也即使人的躯体成为享乐的工具而不是劳动的工具。老一套的做法是发展时下流行的各种需要和机能，但现在看来这已经不行了。解放的前提或任务乃是要产生一些新的、性质完全不同的需要和机能。

这种新的现实原则的观点是基于这样一个假定：它的产生

的物质(技术)前提在当代的发达工业社会里不是已经确立，就是能够确立的。不言而喻，把技术上的可能性转变成现实，这需要发动一场革命。但正是广泛而又有效的、民主的心力内投压制着历史主体，即压制着革命分子，因为自由人无需解放，而被压迫者却还没有足够的力量解放自己。这些状况重新限定了“解放”这个乌托邦概念：它是一种最现实、最具体的历史可能性，同时又是被最合理、最有效地压抑着的，因而也是最抽象、最遥远的可能性。任何哲学、任何理论都无法阻止臣民民主地将其主人内投于心。在略微富裕的社会里，只要生产发展到了使群众能分享社会利益，使对抗能得到有效地、民主地“抑制”的程度，那么主仆之间的冲突也就得到了有效的抑制。或者可以说，这种冲突改变了其在社会中的地位。然而在落后国家的人民起来反抗不堪忍受的殖民主义传统及其衍生物即新殖民主义时，则会出现和爆发这种冲突。马克思认为，只有那些丝毫分享不到资本主义恩惠的人才有可能把它改造成自由社会，就是说，只有那些其生存已断然否定了资本主义所有制的人才能成为解放的历史主体。马克思的这个思想再次在国际范围内获得了普遍的有效性。一旦剥削社会成了全球势力，一旦新独立国家成了剥削社会争权夺利的战场，反抗的“外在”力量就不再是外在的了，因为它们成了制度内部的敌人。但这并没有使那些反抗者成为人类的信使。他们本身像马克思所说的无产阶级一样，并不代表自由。这里也可运用马克思的另一个思想：国际无产阶级能从外部获得其思想盔甲，因为思想的闪电会惊醒“单纯无邪的人民大众”。关于理论与实践统一的一些虚浮的思想没有正确看待这种统一的脆弱开端。确实，落后国家的反叛已在发达国家中得到了响应，发达国家的年轻人正在纷纷抗议富裕社会中的压抑，反对对外战争。

一方面是对伪父亲、伪教师、伪英雄的深恶痛绝，另一方面则是同全世界受苦人的亲如手足，在这二者之间是否有某种“有机”联系呢？这里似乎有一种差不多是本能上的亲近感。在国内，对本国的反叛似乎基本上是冲动性的，其目标很难确定，它是由“生活方式”引起的反叛，因此属于身心卫生问题。人的肉体与“机器”发生冲突，但这种机器不是可以使生活更安全、更轻松，使大自然变得更仁慈的机器，而是另一种专门取代这种机器的机器，即政治机器、社团机器和文化教育机器，它们把祸福熔成一个理性整体。今天，这个整体已有很大的规模、很强的内聚力和很有效的功能：难道否定势力还集中于那些尚未被完全征服的原始的基本力量之中？人的身体与这种机器发生着冲突，男女老少高举着最原始的武器，反抗并制止这种有史以来最残忍、最有破坏性的机器：难道当代的革命仍是一种游击战？

历史上的落后现象也有可能成为扭转进步之轮方向的历史机缘。当富裕社会的雷达轰炸机、化学武器和“特种部队”向世界上最贫困的人民及其陋室、医院和良田袭击时，过度发展的科学技术便遭到了驳斥。这些“意外的灾难”揭露了事实的真相，它们撕破了掩盖着真实威力的技术面纱。过度的烧杀能力以及与之相伴的心理行为乃是剥削和压抑制度中生产力发展的副产品。这种制度使其特等臣民越舒适，生产力就越发展。今天，富裕社会已经表明，它是一个正在交战的社会；这一点，如果其公民尚未注意到，那么其受害者必定已经注意到了。

发展缓慢的国家、技术落后的国家在历史上也可能有优越性，这就是它越过了富裕社会这个阶段。落后的民族，由于其贫困和弱小，可能没有能力对科学技术作攻击性的、浪费性的利用，相反，它们控制好生产设施，使之只为满足和发展个体和集体的生活需要服务。

对过度发达的国家来说，这种机缘就是消除这样一些条件，在这些条件下，人的劳动是一种自我推进的力量，它使人对生产设施的屈从以及与之相伴的过时的生存斗争方式持久存在下去。消除这些生存斗争方式一如既往地是政治活动的任务。但在目前的情况下却存在着一个重要差别。以前的革命导致了生产力的更大规模、更为合理的发展，但今天在过度发达的社会里，革命将逆转这股潮流，它将消除过度的发展，消除其压抑的合理性。富裕生产的放弃决不意味着赞成一种纯粹的、简朴的、自然的状态，相反，它标志着（并有助于）人类发展到一个以技术社会成就为基础的更高阶段。由于不再生产那些奢侈品、有害物(这个阶段意味着资本主义的彻底终结)，本来由这种生产给人带来的身心创伤也就可以消除了。换言之，推动人们去塑造环境、改造自然的，将是解放了的而不是压抑着的生命本能。至于攻击性，它也将服从生命本能的要求。

对落后国家来说，这种机缘则在于缺乏有助于压抑性剥削技术的条件，缺乏有助于攻击性生产的工业化。看到富裕的战争国家竟然对落后国家动用毁灭性的武器，其威胁的程度就可想而知了。在落后民族的反抗下，受到富裕社会野蛮而残忍地镇压的，不仅是一种传统意义上的社会反叛，而且也是一种本能反叛，一种生物仇恨。在这个技术世纪的鼎盛期，游击战的蔓延是一个具有象征意义的事件：人体的能量反抗着不堪忍受的压抑，并与压抑的机器作殊死搏斗。反叛者也许对如何组织一个社会，即如何组织社会主义社会一无所知；他们也许被对此略知一二的领袖们吓得目瞪口呆，但他们可怕的生存，总需要彻底解放，而且他们的解放总是与过度发达的社会相矛盾的。

西方文明一直赞颂英雄，赞颂那些为城邦、国家、民族捐躯的人。它从不过问人们是否值得为某个现存的城邦、国家和民族作出这样的牺牲。代表着整体的无可置疑的特权的禁忌一直在被坚持和实施着，而且人们越是认为整体由自由个体构成，就越是会野蛮地坚持和实施这种禁忌。但现在这个问题正在从外部提出来，而且是由不喜欢拐弯抹角的人提出来的。它问的是，抛弃这种整体难道不是建立一个真正合乎人性的城邦、国家和民族的前提吗?

现存强国占有明显的优势。要想对落后国家解放运动的前景而不是这个解放运动本身作出肯定的估价，乃是不切实际的。我们完全相信，科技和金钱还可以按照自己的面貌从事破坏和重建的工作。进步所付出的代价异常昂贵，但我们将有回报。不仅受骗的牺牲者，而且他们的国家元首都这么认为。我们也见过这样一些照片：在越南，成排的半裸的尸体横躺在征服者的面前。这些照片同奥斯威辛和布痕瓦尔德①的那些忍饥挨饿、精疲力竭而死的战俘的尸体照片何其相似。任何东西、任何人，包括将激起进一步攻击的负罪感在内，均不能阻止这样的行为。但攻击又可转而用于反对攻击者。“未治愈的伤口只能用致伤的武器来医治”，这一离奇的神话在历史上尚未得到过证实，因为用来砸断暴力锁链的暴力可能又是这根锁链上新的一环。而且反对这根锁链的斗争也正是在这根锁链中展开的。这不是爱欲反对死欲的斗争，因为现存社会也有其爱欲：它保护、维系、扩大着生命。而且对那些循规蹈矩、甘受压抑的人来说，这还是一种不坏的生命。但一般人毕竟认为，保卫生命中的攻击性不像攻击行动中的攻击性那么危害生命本能。

① 第二次世界大战时希特勒曾在奥斯威辛与布痕瓦尔德两地建立集中营，监禁和屠杀爱国者和战俘。——译者

“保卫生命”一词在富裕社会里有破坏性意义。它不仅是指抗议新殖民主义的战争屠杀，冒坐牢风险将征兵证付之一炬，争取公民权，等等，而且也指拒绝使用富裕社会的死气沉沉的语言，拒绝穿戴整洁的服装，拒绝享用富裕社会的精巧物品，拒绝接受为富裕社会服务的教育。新型的玩世不恭者、“垮掉的一代”、嬉皮士、使人厌恶者……所有这些“颓废派”现在都成了忍辱含垢的人性的可怜寄托。也许颓废一向就具有这种作用。

那么，我们能否谈论爱欲与政治这两维之间的联结呢?

在卓有成效的富裕社会组织中，对这种组织的激烈抗议，也就是指想提出、说明、表达这种抗议的种种努力，都显得非常幼稚可笑。例如，伯克利的“言论自由运动”最后的结局竟落到仅对一个由四个字母组成的单词符号争论不休的境地，这不能不说是有点可笑，但也许是“合乎逻辑”的。这种既可笑又正当的现象的另一个例子是，有人想在抗议越南大屠杀的示威者(其中有儿童)身上佩戴的“要爱，不要战争”的徽章上发现更深刻的意义。可是，代表旧秩序的人则反对这些脑后有反骨、图谋反抗的年轻人。代表旧秩序的人如果不做些破坏性、浪费性和污染性的工作以贬损一下旧秩序，那就再也不能维护旧秩序的生命了。工会代表也成了旧秩序的代表，特别是当繁荣资本主义条件下的就业取决于对现存社会制度的不懈捍卫的时候。

可能是由于把握不住将来的结果，人民、富裕社会的大多数人民都代表现存的秩序，而不是代表可能存在或应该存在的秩序。而且现存秩序也非常强大、非常有效，足以证明人民对它的信赖之正当，从而使人民永远信赖它。但恰恰也正是现存秩序的这种力量和效能有可能成为瓦解它本身的因素。因为要延续一种本当废弃的(即使已大大缩短了的)全日制劳动，就必然导致更大的资源浪费，创造不必要的职业和服务设施，扩展军备或破坏性的战区。不断升级的战争、无限制的备战以及全面的管制，很可能把人民牢牢地控制住了，但这样做的代价却是改变了这个社会所依赖的道德。技术的进步本身对于维持现存社会确是必要的，但它也助长了人的另一些需要和机能，而这些需要和机能则是同作为现存社会制度基础的劳动组织相对立的。随着自动化的提高，社会产品的价值越来越不受必要劳动时间的约束。因而，社会对生产劳动的实际需要降低了，取而代之的必然是非生产性活动。人们实际从事的工作越来越多地变得多余、无所谓和毫无意义了。虽然在全面管制下，那些非生产性活动可以得到维持甚至扩大，但它们的增长似乎有一个最高的极限，这就是生产劳动所创造的剩余价值必须足以承担非生产性工作的费用。劳动似乎将不可避免地进一步减少，而且由于这种必不可免的情况，社会制度必须提供不必花费劳动的职业；必须发展超越市场经济，甚至与市场经济相冲突的需要。

富裕社会自身也在要求人们“追求审美、渴望一致”，恢复“天人合一”，充实心灵和赞颂“为创造而创造”，以此来为上述的不可避免的事件做好准备。这种号召的虚假性表明，在现存制度范围内，这些期望被转变成了由政府和大企业资助的、受人操纵的文化活动，成了它们向群众心灵延伸的执政之臂。在这样的期望中，不能发现任何爱欲的期望、不能发现爱欲对压抑性环境和压抑性生存的任何改造。要满足这些目标而又不与市场经济的要求发生不可调和的冲突，就必须遵循商业和利润的指导。但这样来满足目标等于否定这些目标，因为生命本能的爱欲能量在惟利是图的富裕社会的非人条件下是不可能获得自由的。一方面，必须发展把生命作为自在目的的非经济需要(从而表明废除劳动的思想之正确)，另一方面又必须坚持维持生命的需要，这二者之间的冲突确实是完全可以控制的，特别是当内部敌人和外部敌人都能充当保卫现状的动力时。但如果伴随并加强这种冲突的，乃是发达工业社会的基础所可能发生的变化，即在自动化过程中资本主义企业被逐渐削弱，那么这种冲突就具有破坏性了。

在此期间，有一些亟须做的事情。军事潜能似乎随着和平与备战越来越频繁地中断而日益迫切要求得到周期性的实现，它的不断升级是一个社会制度最能表现其残暴力量之处，同时也是最能暴露其软弱无能之处。军事潜能的这种趋势似乎只有在最强大的压力下方可扭转，而这种扭转将使社会结构的危险弊端暴露无遗，因为很难想象，没有一场严重的危机和全面的经济政治变革，这种趋势会转变为一种“正常的”资本主义制度。今天的反战和反军事干涉的斗争倒是触及到了根本的问题，因为它所反抗的那些人的政治经济统治权的基础恰恰就是军事装备持续而扩大的再生产，就是从事这种再生产的人，就是使这种再生产变得势在必行的政策。这些基础的重要性是显而易见的，但反抗这些基础的斗争并不需要导弹、轰炸机、凝固汽油弹。它所需要的是某种更难生产的东西，这就是觉悟、自由知识的传播，尤其是共同拒绝生产那些现在用来反对人民而保护统治者的自由与繁荣的物质工具和思想工具。

由于工会充当了现状保护者的角色，而工人在物质生产过程中的作用开始削弱，理智的技巧和能力就具有了社会政治的意义。今天，科学家、数学家、技术员、工业心理学家和民意测验家都一致拒绝相互合作，这样做很可能会达到一种效果，一种就连罢工、甚至大罢工虽曾达到过但现在再也无法达到的效果，这就是开始扭转形势，为政治行动奠定基础。知识分子的看法似乎有点不切实际，但这一点丝毫没有降低他们的政治责任，这是一种与其在当代工业社会里的地位和作用相应的政治责任。可能支持这种理智上的拒绝的另一种催化剂，是愤愤不平的年轻人的本能拒绝。处于危急状态的正是这些年轻人的生命，或者如果不是他们的生命，那就是他们的心理健康和作为健全人的能力。他们的抗议是一种生物的必然性，所以必将永远持续下去。年轻人向来是站在斗争的最前列的，他们为反死亡、反文明的爱欲而生存和斗争。因为文明虽然拥有延长生命的手段，但又力图缩短“通向死亡之路”。但在这个严格管理的社会里，这种生物的必然性并不立即导致行动；组织要求反组织。在今天，为生命而战，为爱欲而战，也就是为政治而战。

# 第一版序言

本书之所以运用心理学范畴，是因为这些范畴已变成政治范畴。人在现时代所处的状况使心理学与社会政治哲学之间的传统分野不再有效，因为原先自主的、独立的精神过程已被个体在国家中的功能即其公共生存同化了。于是心理学问题变成了政治问题：个人的失调比以前更直接地反映了整个社会的失调，对个人失调的医治因而也比以前更直接地依赖于对社会总失调的医治。这个时代正在向集权主义迈进，即使在还没有产生集权主义国家的地方，也难免如此。可以把心理学作为一门特殊的学科加以阐述和实践，只要精神能顶住公共的势力，只要私人性是实在的、是可以实在地期望的、并且是自我形成的；但如果个体既无能力又不可能自为存在，那么心理学术语就成了规定精神的社会力量的术语。在这样的情况下，再用心理学来分析社会政治事件，就等于在从事一种恰恰被这些事件宣布为无效的研究。我们的任务正好相反，就是要揭示心理学观念的社会学的、政治学的实质。

我力图对某些基本问题加以重新规定，并以前所未有的方式进行研究。我知道，这样一种研究具有尝试性，我期望不久能更适当地研究某些问题，特别是那些属于美学理论的问题。

本书阐述的一些思想最早见诸于1950—1951年间在华盛顿大学精神病学系的一系列讲稿。我感谢华盛顿大学的约瑟夫·波尔金先生鼓励我撰写本书。对已故的克莱德·克拉克洪教授、哈佛大学的巴林东·莫尔和纽约的亨利和耶拉·洛温弗尔德博士，我也表示深切的谢意，他们阅读了我的手稿，并提出了许多宝贵的批评和建议。至于本书的内容，则是完全应由我本人负责的。我在理论观点上受惠于我的朋友马克斯·霍克海默尔教授和他的目前在法兰克福的社会研究所工作的合作者。

赫伯特·马尔库塞

# 1961年标准版序言

设想一种非压抑性文明，作为现存文明在现阶段的一种真实可能性，这似乎是没有意义的。即使承认这种可能性有理论根据，是科技成就的一种扩展，也还是必须注意到，正是这些成就在为相反的目的服务，即为维持统治者利益服务。统治的方式已经发生了改变：它们越来越变为技术的、生产的甚至有益的统治；因此在工业社会的最发达地区，人们同统治制度的协调与和解已达到了前所未有的程度。

但就在这同时，这个社会所具有的能力及发展生产的需要产生了一些力量，它们似乎损害了这个制度的基础。这些破坏性力量的最有力表现是自动化。自动化有可能把作为现存文明基础的自由时间与工作时间的关系颠倒过来，即有可能使工作时间降到最低限度，而使自由时间成为专职时间。其结果将是对各种价值作彻底的重估，发现一种与传统文化不能相容的生存方式。不过，发达工业社会始终处于一种戒备状态，力图排除这种可能性。

因此，本书提出了非压抑性生存方式这个概念，旨在表明，向现阶段文明有可能达到的新阶段过渡将意味着，使传统文化颠倒过来，不论是物质上的还是精神上的，就要解放迄今为止一直受到禁忌和压抑的本能需要及其满足。我的假设被人严重地误解了；其中最严重的误解与出现这样一个新阶段的机会和前提有关。

我在本书一开始就强调，在现时代，心理学概念成了政治概念，以致私人的、个体的精神成了一定程度上心甘情愿的容器，里边储藏了为社会所欲求、对社会所必要的志向、感情、满足和内驱力。个体及其权利和自由是某种还有待创造，而且只有通过发展性质全异的社会关系和社会机构才能被创造的东西。在非压抑性生存的环境中，工作时间(即苦役)被降低到了最低限度，而自由时间也摆脱了统治利益强加于它的所有闲暇活动和被动状态。这样一种生存，如果可能的话，也只能是社会发生质变的结果。但是，对这种可能性的意识及其要求的对价值的彻底重估，必须在一开始就为这样一种变化指明方向，因此，甚至在建设技术基础和物质基础时，就必须发挥作用。只是在这种意义上，关于压抑逐渐消除的观点才是社会变化的原因，而在所有其他方面，它都只能是结果。

确实，可以在现存社会框架内出现非压抑状态：从礼服和便服的噱头到情感生活和理智生活的更淫乱的附属品。但在现存社会中，这种抗议变成了安定和顺从的工具，因为它不仅根本没有触及罪恶的根源，而且还证明了人的自由可以在一般的压迫框界内实现。这些个人的自由可以实现而且确实在实现，这固然是件好事，但总的奴役状态使它们具有了一种倒退性质。先前，在正常状况下，摆脱压抑乃是一小撮上层阶级的特权；只是在偶然条件下，它也为大多数下层人民接受。相反，发达工业社会把这种对压抑的摆脱民主化了，使之成为某种补偿，以巩固允许这种摆脱的政府和实行这种补偿的机构。

我在本书中提出了“一种非压抑性升华”的观念：性冲动，在不失其爱欲能量时，将超越其直接的目标，而且通常还使个体与个体之间、个体与其环境之间的非爱欲甚至反爱欲关系爱欲化。相反，也可以谈论一种“压抑性反升华”：用减少和削弱爱欲能量的方式释放性欲。在此过程中，性欲也会蔓延到先前被禁忌的领域和关系。但它不是根据快乐原则重建这些领域和关系，恰恰相反，是现实原则的势力范围扩大到了爱欲。把性系统地引进商业、政治和宣传等领域就是一个最有说服力的例证。就性欲获得了某种确定的票房价值或者成了名望的象征或按游戏规则进行的消遣的象征而言，它本身已变成了巩固社会的工具。对这种司空见惯的倾向的强调或许可以说明，现存状况与解放的可能性的出现还相距甚远。

如果在解放之前，这种解放的可能性可以先告出现，那么其方式就必定是压抑的增加而不是减少，是对压抑性反升华的限制。这种限制表现了一个特别具有倒退性的特征，这就是有力地而且通常是系统地、有意识地使本能领域与理智领域相分离，使快乐与思想相分离。这是一种由社会强加于个体，同时又由个体将其作为自己的需要和满足再生产出来的最隐蔽的异化形式。弗洛伊德的升华概念根本没有证明这种分离是合理的，它认为人的所谓高级机能有可能实现快乐原则，尽管这样一种实现归根到底又要以现存的现实原则发生某种质变为前提。因此，本能的解放包含了理智的解放，而且由于反对思想和想象自由的斗争变成了集权主义的（不管是民主的还是权力主义的）有力工具，情形就更是如此。压抑性反升华还伴有现时代的某些心力内投趋向，即把集权主义内投进人的日常事务和闲暇活动之中，内投进人的苦役和幸福之中。在各种各样的玩笑、休息、为消除隐私而交友结伴以及轻视礼仪、不容忍沉默、得意地表现残忍与残酷的行为中，都有压抑性反升华的种种表现。所有这些都是对压抑的摆脱，是肉体对苦役的堕落行为的摆脱，而且还可能是对完全感性的、享受着身体卫生和悦人服饰诸多成就的肉体的摆脱。然而尽管如此，它还是一个被压抑肉体所获得的摆脱，它是在一个为反抗它的解放而组织起来的社会里的劳动工具、戏谑工具。

我已充分（或许过分）强调了这个发展的进步的、给人以希望的方面，目的是为能够在此突出其否定的方面，因为最近几年的事件不容许我们有任何乐观的看法。发达工业社会的巨大能力正在被日益动员起来，以阻止用它自己的资源去抚慰人类生存。所有关于消除压抑、关于反抗死亡的生命等宏论都不得不自动地进入奴役和破坏的框界。在这个框界内，即使个体的自由和满足也都带上了总的压抑的倾向。它们的解放，不论是本能的解放还是理智的解放，都是一个政治问题，因此关于这样一种解放的机会和前提的理论必定也就是一个社会变化的理论。

赫伯特·马尔库塞

于巴黎，1961 年 10 月

# 导　言

西格蒙特·弗洛伊德认为，文明以持久地征服人的本能为基础，这个观点现在已被视为当然了。但是他提出的问题，即个人由此遭受的苦难是否相当于文化的恩惠，却一直没有得到认真的探讨，特别是自从弗洛伊德本人也认为这个过程是不可避免、不可逆转的以来，更是如此。人的本能需要的自由满足与文明社会是相抵触的，因为进步的先决条件是克制和延迟这种满足。弗洛伊德说："幸福决不是文化的价值标准。"幸福必须服从作为全日制职业的工作纪律，服从一夫一妻制生育的约束，服从现存的法律和现存的秩序制度。所谓文化，就是有条不紊地牺牲力比多，并把它强行转移到对社会有用的活动和表现上去。

这种牺牲已有了很好的补偿，因为在技术发达的文明地区，自然实际上已经被完全征服了，更多人的更多需要得到了满足。成为人们怀疑迄今为止一直支配着西方文明“原则”的充足根据的，不是生活的机械化和标准化，不是思想贫乏，也不是今日的进步所具有的越来越大的破坏作用。生产的持续提高，使大家生活得更好的指望越来越现实了。

但进步的加速似乎与不自由的加剧联系在一起。在整个工业文明世界，人对人的统治，无论是在规模上还是在效率上，都日益加强。这种倾向不仅是进步道路上偶然的、暂时的倒退。集中营、大屠杀、世界大战和原子弹这些东西都不是向“野蛮状态的倒退”，而是现代科学技术和统治成就的自然结果。况且，人对人的最有效征服和摧残恰恰发生在文明之巅，恰恰发生在人类的物质和精神成就仿佛可以使人建立一个真正自由的世界的时刻。

当今文化的这些消极方面可能表明，现存机构行将废弃，新的文明即将诞生，因为压抑持续得越厉害，就越没有必要存在。假如压抑确实是文明本身的必然本质，那么，弗洛伊德有关文明代价的疑问就显得没有意义了，因为根本没有任何替代物。

但弗洛伊德自己的理论却提供了不能同意他将文明与压抑等同看待的依据。必须根据弗洛伊德的理论，对这个问题重新展开讨论。自由与压抑、生产与破坏、统治与进步的相互关系实际上是否构成了文明的原则？抑或仅仅是人类生存的特定历史组织的产物？还是用弗洛伊德的话说，快乐原则与现实原则之间的冲突已经不可调和，以致必须压抑性地改造人的本能结构了？或者还应允许有一种非压抑的文明观，它的基础是完全不同的存在的经验、完全不同的人与自然的关系、完全不同的生存关系？

我们将讨论的非压抑的文明观不是一种抽象的、乌托邦式的思辨结果。我们相信，由于下述两个具体而又现实的理由，这种讨论还是合理的。第一，弗洛伊德的理论本身似乎已经驳倒了他一贯否定非压抑性文明史可能存在的论点。第二，压抑性文明的成就本身似乎已创造了逐渐废除压抑的前提。为澄清这两个理由，我们将根据其自身的社会—历史内容，对弗洛伊德的理论思想作重新解释。

这种做法也意味着我们与修正主义的新弗洛伊德主义是相对立的。我相信，与修正主义者的看法相反，弗洛伊德的理论本质上是“社会学的”，[①]而且揭示这一本质也不需要任何新的文化定向或社会学定向。弗洛伊德的“生物主义”从深刻的意义上说是一种社会理论，但新弗洛伊德主义对这一深刻的意义却视而不见。他们在把重心从无意识向意识、从生物学因素向

---

① 关于精神分析概念的社会学特性的讨论，参见海因茨·哈特曼：《精神分析概念在社会科学中的运用》，载《精神分析季刊》，第十九卷，第三期（1950年）；克莱德·克拉克洪：《人之镜》（纽约，1949年）；海因茨·哈特曼、厄恩斯特·克里斯和鲁道夫·M·洛温斯坦：《对“文化与人格”的若干精神分析评论》，载《精神分析与文化》（纽约，1951年）。

文化因素转变时，抛弃了种种本能的社会基础，把社会看成个体面临的现成的“环境”，不追究社会的起源与合法性。因而新弗洛伊德主义对这种“环境”的分析也只是对社会关系的故弄玄虚，他们的批评不过是在得到坚定认可和良好保护的现存制度内部兜圈子。结果，从严格意义上说，这种批判依然停留在观念上，因为在现存制度以外，它毫无思想基础，它的大多数批判性思想和价值观念都是由现存制度提供的。唯心主义的道德和宗教正在庆贺它们的快乐的复活：它们用来装潢自己的正是最初视为有害并予以驳斥的心理学词汇，这样就掩盖了它们与官方所要求和宣扬的态度的一致性。[①]而且，我们相信，对文明的历史结构的最具体的见解恰恰就包含在这些修正主义者所反对的概念之中，其中包括弗洛伊德的整个元心理学、后期的本能理论及其重建人类史前史的思想。弗洛伊德本人把这些概念当作纯粹的工作假说，它们有助于澄清一些含混的问题，并在一些理论上互不相关的见解之间建立暂时的联系，但它们只要不再能推进心理分析的理论和实践，它们总是可以被修正，甚至被抛弃的。在弗洛伊德以后的精神分析运动的发展中，这种元心理学几乎被完全取消了。由于精神分析开始受到社会和科学的尊重，它就摆脱了危害性的思辨。说它们有危害性，事实上有多种意义。它们不仅超出了临床观察和医疗功用的范围，而且对人

① 关于对新弗洛伊德修正主义的更详细讨论，请参见本书附录。

的解释比弗洛伊德早期的"泛性论"更加严重地冒犯了社会禁忌,从而揭示了文明的破坏性基础。在下面的讨论中,我们将努力运用甚至在精神分析本身中被禁忌的某些见解来解释文明的基本趋向。

本书旨在对精神分析哲学而不是对精神分析本身有所贡献。本书只作理论研究,而不涉及现在已成为专门学科的精神分析技术。弗洛伊德提出了一种"人"的理论,一种严格意义上的"心理学"。这一理论使弗洛伊德跻身于伟大的哲学传统之中,成为一名哲学家。我们关心的不是要纠正或改进对弗洛伊德概念的解释,而是要恢复这些概念的哲学和社会学意义。弗洛伊德谨慎地把他的哲学与科学区分开来,而新弗洛伊德主义者却基本上否定了他的哲学。从治疗学理论上看,这种否定可能是完全合理的。但任何治疗学论证都不应当妨碍提出一种理论构思,它旨在诊断总的失调而不是治疗个体疾病。

对有些术语必须先作一些解释:

"文明"和"文化"两词,同在弗洛伊德的《文明及其不满》中一样,是交替使用的。

"压抑"和"压抑性"是在非专门意义上使用的,表示限制、压制和遏制过程,不论其是有意识的还是无意识的、内部的还是外部的。

"本能",按照弗洛伊德的本能观,是指人类机体的主要"内驱力",它们在历史上可能发生变化,并有心理上和肉体上的表现。

# 第一篇　在现实原则的支配下

# 第一章　精神分析的暗流

弗洛伊德理论中的人的概念是对西方文明的最无可辩驳的控告，同时又是对它的最坚定不移的捍卫。弗洛伊德认为，人的历史就是人被压抑的历史。文化不仅压制了人的社会生存，还压制了人的生物生存；不仅压制了人的一般方面，还压制了人的本能结构。但这样的压制恰恰是进步的前提。人的各种基本本能，如果有追求其自然目标的自由，就不可能发生任何持久的结合或保存，因为它们甚至刚刚结合，便开始分离了。未加控制的爱欲，同其对立面死亡本能一样，是命运攸关的。本能之所以有破坏力量，是因为它们无时不在追求一种为文化所不能给予的满足，这是一种纯粹的、作为自在目的的满足。因此，必须使本能偏离其目标，抑制其目的的实现。人的首要目标是各种需要的完全满足，而文明则是以彻底抛弃这个目标为出发点的。

本能的变迁也是文明的心理机制的变迁。在外部现实的影响下，动物的内驱力变成了人的本能。虽然它们在有机体中的原有“位置”及其基本方向保持不变，但其目标和表现却发生了变化。所有精神分析概念(升华、自居作用、投射、压抑、心力内投)都表达了本能的可变性。但规定着本能、本能需要及其满足的现实却是一个社会—历史的世界。动物性的人成为人类的惟一途径就是其本性的根本转变。这种转变不仅影响本能目的，而且也影响本能的“价值标准”，即那些决定能否达到本能目的的原则。我们可以试把这个具有决定作用的价值标准体系所发生的变化规定为：

| 从： | 到： |
| --- | --- |
| 直接的满足 | 延迟的满足 |
| 快乐 | 限制快乐 |
| 欢乐(消遣) | 苦役(工作) |
| 接受 | 生产 |
| 没有压抑 | 安全感 |

弗洛伊德称这种转变为从*快乐原则*到*现实原则*的转变。他的基本理论就是(而且，尽管他也提出了各种改头换面的二元论观念，还将继续是)用这两个原则对“心理机制”作解释。弗洛伊德的这种解释大体上(但不完全是)相应于意识和无意识过程的区别的。个体的生存似乎有两个以不同的心理过程和原则

为特征的不同方面。这两个方面的区别既是生成—历史上的区别，也是结构上的区别：由快乐原则统治的无意识构成了“较古老的主要过程”，这是所有心理过程都是无意识过程的那个发展阶段的残余。无意识过程所追求的只是获得快乐。凡能引起不快感(痛苦)的活动，心灵都“拒绝参与”。[①]但快乐原则如果不加以限制，则将与自然环境和人类环境发生冲突。个体逐渐痛苦地认识到，他的需要不可能得到完全的、无痛苦的满足。在有了这种失望的经历以后，心理作用的一个新的原则占了上风。这就是现实原则取代了快乐原则，因为人们学会了为得到延迟了的、受到限制的，但却是“保险的”快乐而放弃暂时的、不确定的、破坏性的快乐。[②]弗洛伊德认为，由于这种克制和限制所取得的乃是持久的收获，现实原则不仅没有“废弃”而是“捍卫”，不仅没有“否定”而是“修正”了快乐原则。

但精神分析的解释表明，现实原则所改变的不只是快乐的形式及获得快乐的时间，而且是快乐的实质。快乐之适应于现实原则，意味着本能满足所具有的破坏力量及其与现有社会准则和社会关系的冲突已被克服和引入歧途，从而也意味着，快乐本身的实质已被改变。

人类在快乐原则的支配下通常不过是一股动物性的内驱力

① 弗洛伊德：《对心理活动两个原则的系统阐述》，载《弗洛伊德论文集》(伦敦，1950年)，第四卷，第14页。

② 同上书，第18页。

而已。但随着现实原则的确立，他变成了一个有机的自我。他追求的是有用的、而且是在不伤及自身及生命环境的前提下所能获得的东西。在现实原则的指导下，人类发展了理性功能：学会了“检验”现实，区分好坏、真假和利弊。人获得了注意、记忆和判断诸机能，成了一个有意识的思想主体，并且做到了与外部强加于他的合理性步调一致。惟一与理性这个心理机制的新组织相“分离”而继续不受现实原则支配的思想活动是幻想，它“不受各种文化变异的影响”，而继续受快乐原则支配。不过，心理机制的所有其他方面则都明显地服从于现实原则。那种“自动释放功能”以前在快乐原则支配下，曾被用来使心理机制摆脱过多的冲动，而现在则被用来“对现实作适当的改变”，因为它转变成了行动。[1]

于是，人类欲望的范围及满足欲望的手段都得到了无限的扩大，而且，人以有利为原则而有意识地改变现实的能力看来也可望逐渐地克服有碍欲望得到满足的外部屏障。但从此以后，无论是人的欲望，还是人对现实的改变，都不再是他自己的了，因为它们现在被人所处的那个社会组织起来了。而且这种“组织”压抑并改变了人的原初的本能需要。如果说作为原型的自由不存在压抑，那么文明就是反对这种自由的斗争。

---

① 弗洛伊德：《对心理活动两个原则的系统阐述》，载《弗洛伊德论文集》（伦敦，1950 年），第四卷，第 14 页。

在人的发展中（无论是在属的发展中——属系发生史中——还是在个体的发展中——个体发生史中——），快乐原则被现实原则代替，这是一个巨大的创伤事件。弗洛伊德认为，这样的事件不是一次性的，它在人类和每个个体的历史中屡屡出现。从属系发生史看，这种事件最早出现于原始部落，原始的父亲垄断着权力和快乐，并强令儿子们克制。从个体发生史看，这种事件则出现在幼儿期，父母及其他教育者强令幼儿屈从现实原则。但无论是在属系方面还是在个体方面，这种屈从态度都在不断地再生产出来。在作了最初的反抗以后，儿子们也效法原始父亲来进行统治了。兄弟宗族也发展成了机构化的社会政治统治。各种机构的制度都体现了现实原则。在这个制度中成长起来的个体了解到了像法律和秩序这样的现实原则的要求，并将其传给后代。

现实原则必须在人的发展中不断地得到重建。这就表明它对快乐原则的征服一开始就是不完全、不稳固的。在弗洛伊德看来，文明并未一劳永逸地取消“自然状态”。文明所欲控制和压抑的东西即快乐原则的要求，在文明本身中仍然继续存在。无意识中保存着受挫的快乐原则的追求目标。快乐原则的完整力量，尽管遭到外部现实的挫折，或者尽管甚至压根儿不能实现，却仍不仅幸存于无意识中，而且还这样那样地影响着替代了快乐原则的现实本身。被压抑物的这种回归构成了文明的禁忌史和隐蔽史。研究这个历史，不仅可以揭示个体的秘密，还可以揭示文明的秘密。弗洛伊德的个体心理学本质上就是社会心理学。压抑是一种历史现象，而使本能有效地屈从于压抑性控制的，不是自然而是人。从作为统治原型的原始父亲那里，作为文明史标志的奴役——反抗——进一步统治这样一个连锁反应就已开始形成了。但自紧随最初反抗而出现的统治的第一次、前历史的复辟以来，来自外部的压抑还得到了来自内部的压抑的支持，因为失去自由的个体把他的主人及其命令都向内投入了他自己的心理机制。于是反自由的斗争作为被压抑个体的自我压抑，在人的精神中得到了自我蕃衍。而他的自我压抑反过来又支持着他的主人及其机构。弗洛伊德认为这种心理原动力也就是文明的原动力。

弗洛伊德认为，“持续至今的原始而永恒的生存斗争”造成并维持了本能在现实原则支配下的压抑性变化。缺乏这个事实使人们懂得，他们不可能自由地满足其本能冲动，不可能按照快乐原则生活。因此促使对本能结构作重大改变的社会动机是“经济的动机。如果社会成员不去工作，社会就无法为他们提供足够的生活资料。因此社会必须努力限制其成员的数目，并把他们的能量从性活动转移到工作上去”。[①]

这个看法与文明本身一样古老。正是它一直有效地证明着压抑的合理性。弗洛伊德的理论在很大程度上也在提供这种证

① 弗洛伊德：《精神分析引论》（纽约，1943 年），第 273 页。

明，因为弗洛伊德把“原始的生存斗争”看成是“永恒的”，所以他相信，快乐原则与现实原则的对立也是永恒的。他的一个理论基石就是认为，不可能存在非压抑性文明。但他的理论也包含一些与这种合理性证明相悖的东西。正是这些东西打破了在西方占统治地位的思想传统，甚至暗示了这种传统的逆转。弗洛伊德研究的一个特征就是，坚持不懈地揭示文化的最高价值标准和最高成就中的压抑性内容。在这一点上，他反对把理性等同于作为文化意识形态基础的压抑。弗洛伊德的元心理学企图重新考察和揭示最终体现为爱欲与死欲关系的文明与野蛮、进步与苦难、自由与不幸之间的可怕的、必然的内在联系。在考察文化时，弗洛伊德所根据的不是浪漫主义的或乌托邦式的观点，而是根据由于推行这种观点而导致的苦难与贫困。因此，文化自由是通过不自由来表现的，而文化进步则是通过压制来实现的。但文化并没有因此而被否弃，因为不自由和压制是必须支付的代价。

但是，人类有一些被禁忌的愿望，即要求造成一种自由与必然统一的状况。弗洛伊德在揭示这些愿望的广泛性和深刻性时，对它们是持提倡态度的。在发达的意识领域及其创造的世界中存在的一切自由，都只是派生的、不彻底的自由，是以放弃完全满足需要为代价的。就幸福乃是需要的完全满足而言，文明中的自由本质上与幸福是相对立的，因为这种自由对幸福作了压抑性的改变(升华)。相反，心理人格中最古老、最深层的无意识倒是达到完全满足的内驱力，在这里没有缺乏和压抑，因而这是自由与必然的直接同一。弗洛伊德认为，这种在意识中被禁忌的自由与必然的等同在无意识中却得到了支持，因而它的真实性虽然受到意识的否弃，但仍经常萦绕于心际。它还记忆着个体过去的、实现完全满足的那些发展阶段。而且过去仍在对未来提出要求，因为它使人产生了以文明成就为基础重建天堂的愿望。

如果把记忆这种重要的认识方式作为精神分析的核心，它就远不止是一种治疗手段。记忆之所以具有治疗作用，是因为它具有真理价值。而它之所以具有真理价值，又是因为它有一种保存希望和潜能的特殊功能。虽然成熟的、文明的个体出卖甚至剥夺了这些希望和潜能，但由于它们在个体的朦胧的过去曾被实现过，因而也不会被个体完全忘却。现实原则限制了记忆的认识功能，限制了它对往日的幸福体验的依恋，从而使人不再产生有意识地重建这种幸福的愿望。精神分析解放了记忆，从而使个体受压抑不再是合理的事了。由于认识让位于重新认识，幼时被禁的形象和冲动开始说出为理性所否定的真理。倒退具有一种进步功能。重新发现的过去提供了一种现在正受到禁忌的批评标准。而且，记忆的恢复还伴随着幻想的认识内容的恢复。精神分析理论把这些心理机能排除在白日梦和虚构这些不确定的领域之外，从而恢复了这些机能的严格的真实性。这些发现所具有的力量最终将冲破产生和限制它们的那个框架。解放过去，并不是要使过去与现在调和。与发现者自己施加的限制相反，面向过去的结果将是面向未来。追回失去的时间成了未来解放的手段。[①]

下面将集中讨论精神分析的这股暗流。

弗洛伊德从两个层次分析了压抑性心理机制的发展：

(1) 在个体发生层次上，被压抑个体从孩提时期向有意识社会生存的发展。

(2) 在属系发生层次上，压抑性文明从原始部落向完全有组织的文明国家的发展。

这两个层次始终是相互联系的。弗洛伊德认为，被压抑物在历史中可以回归。这个思想也概要地说明了这种相互联系：个体再次经历了、造成了属系发展中的重大创伤事件，而且本能的原动力完全地反映了个体与属系(特殊与普遍)之间的冲突及解决这个冲突的各种方法。

我们将先探讨以成熟的文明个体为目标的个体发生史的发展，然后再回到属系发生的起源，并把弗洛伊德的思想扩展到成熟状态的文明属系。由于这两方面总是相互联系的，我们的讨论难免会经常出现交叉、提前、重复等现象。

---

① 参见本书第二章。欧内斯特 · G · 沙赫特的《论记忆和儿童健忘》一文是对个体和社会的记忆功能所作的惟一恰当的精神分析解释。整篇论文以记忆的破坏力量及社会对它的控制和“习俗化”为核心。在我看来，这篇论文是对精神分析哲学少有的真实贡献之一。此文载帕特里克 · 马拉希编的《人际关系研究》(纽约，1950 年)一书，第 3—49 页。

# 第二章　被压抑个体的起源（个体发生）

弗洛伊德追踪了压抑在个体本能结构中的发展。人的自由和幸福的命运受制于和取决于肉体和精神、自然和文明共同卷入的本能斗争。这种斗争说到底是一场生死斗争。弗洛伊德的元心理学紧紧围绕着这个生物学上的、同时也是社会学上的原动力展开。他在阐述那些重要假说时，总显得犹豫不决，并留有余地，而且以后便将它们束之高阁了。在他提出最后的本能理论之前，至少有过两种对心理人格的不同的解剖学看法。这两种看法是在其 1920 年以后的理论发展中出现的。在此无需回顾精神分析的本能理论史。① 为了便于讨论，我们只需概述一下它的某些特征。

在弗洛伊德理论发展的各个阶段，心理机制一直表现为有意识结构与无意识结构，主要过程与次要过程，遗传的、结构固定的力量与后天获得的力量，肉体—精神与外部现实诸对立面的动态的对立统一。这种二元论的解释甚至在其后期“本我、自我、超我”的解剖学式的三分法中仍然相当重要。这里，中间的、“重叠”的因素向两极发展。这两极在支配着心理机制的两个最高原则即快乐原则和现实原则中得到了最鲜明的表现。

在其发展的最早阶段，弗洛伊德理论的核心是性本能（力比多）与自我（自我保存）本能之间的对抗；而在其发展的最后阶段，则是生命本能（爱欲）与死亡本能之间的冲突。至于在其发展的短暂的中期，它假定了一种无处不在的（自恋的）力比多，而不是某种二元论观点。在弗洛伊德的所有这些改头换面的理论中，性欲在本能结构中一直占据统治地位。性欲的这种统治地位植根于弗洛伊德所说的心理机制的本性，因为假如主要的心理过程受快乐原则支配，那么根据这一原则作用的维持生命本身的本能就必定是惟一的生命本能。

但弗洛伊德早期的性欲观与其作为生命本能的爱欲观相去甚远。性本能最初不过是和自我（或自我保存）本能并驾齐驱的一种（或不如说一组）特定的本能，它有其特有的起源、目标和

① 关于这个历史，除了弗洛伊德本人的概述（特别是在《精神分析引论新编》中）外，另见西格弗里德·伯恩弗尔德在《影像》第二十一卷（1935 年）上的《论本能的发展》；欧内斯特·琼斯在《英国心理学杂志》第二十六卷（1936 年）上的《精神分析和本能》；爱德华·比伯林在《国际精神分析杂志》第二十一卷（1941 年）上的《本能理论的发展及其问题》。

目的。弗洛伊德的理论至少在1914年引入自恋概念之前，还根本没有成为“泛性论”。那时他的理论特征正好相反，恰恰是要限制性欲的范围。弗洛伊德坚持要作这种限制，尽管一直难以证明某些非性欲的自我保存本能可以独立存在。只是在很久以后，他才假定，这种非性欲的自我保存本能只是本能的组成部分，“其功能是保证有机体自然地走向死亡，而避开一切可能回到无机生存的道路，除非它们是为有机体本身所固有的”。[①]或者换句话说，只是在很久以后，他才假定这种本能本身具有力比多性质，是爱欲的一部分。但是，他对婴儿性欲和几乎是无限的肉体性欲层的发现，毕竟预示了他以后对这种自我保存本能中力比多成分的重新认识，并为最后用生命本能重新解释性欲奠定了基础。

在弗洛伊德最后阐述的本能理论中，自我保存本能，这片个体及其为“生存而斗争”的正当理由所立足的心爱的“圣地”被废弃了。这时它们的活动成了属系的性本能的活动，或者(如果自我保存必须通过对社会有用的攻击才能实现的话)成了破坏本能的活动。于是爱欲和死亡本能便成了两个基本的本能。但有一个极其重要的方面必须注意，即弗洛伊德在引入新的概念时，强调这些本能的共性胜过强调它们的差异。他认为在所有本能生命中都有一种根本的倒退趋向或保守倾向，这确

① 弗洛伊德：《超越快乐原则》(纽约，1950年)，第51页。

是一个重大的、惊人的发现。弗洛伊德不得不怀疑，他遇到了一个自己迄今为止尚未注意到的、“本能的，并且也许是一般有机生命的普遍属性”，即“其固有的一种恢复先前事态(这是一些生物以前在外部破坏力量的影响下不得不放弃的事态)的强制性”，也即一种“有机体的伸缩性”或“有机生命固有的惰性”。[①]这就是弗洛伊德一开始便认为在无意识中起着作用的“主要过程”的终极内容或本质。这些主要过程的最初任务是追求由外部现实影响有机体而导致的“大量兴奋的自由外流”。[②]而这种完全自由的兴奋外流也就是完全的满足。现在，20 年过去了，弗洛伊德的出发点仍然是这样一个假定：

> 因此，快乐原则这种倾向有助于发挥一种功能，这种功能的任务是使心理机制彻底摆脱兴奋，或者使其中的兴奋量保持稳定，或者减少到最低限度。但在对这种功能的任务的上述三种表述中，我们现在还不能断然决定赞成其中的任何一种。[③]

但这个观点的内在逻辑却是越来越不可抗拒。对兴奋的永久摆

① 弗洛伊德：《超越快乐原则》，第 47 页；另见《精神分析引论新编》(纽约，1933 年)，第 145—146 页。

② 弗洛伊德：《梦的解释》，参见《西格蒙特 · 弗洛伊德基本著作》(纽约，1938 年)，第 534 页。

③ 弗洛伊德：《超越快乐原则》，第 86 页。

脱在生命之初就已变得完全不可能了。因此本能的均衡趋势成了生命背后的终极的回归活动。心理机制的主要过程在追求完整满足时，似乎不幸地与“所有生命体的最普遍努力，即回复到无机世界的沉寂中去的努力”①发生了联系。本能被纳入了死亡的轨道。“假如生命的确受弗克纳尔的永久均衡律支配，那么生命就是向死亡的不断堕落。”②现在涅槃原则成了“心理生活、甚至一般的精神生活的主导倾向”。而且快乐原则也借助于涅槃原则来表现，成为对涅槃原则的一种“表达”方式。

> ……对由刺激引起的内部张力，快乐原则体现了或使之削弱，或使之稳定，或使之消失的努力（“涅槃原则”……）。承认这一事实是我们确信死亡本能存在的最有力的根据之一。③

但是，涅槃原则的统治，即快乐和死亡的结合被确立之日，也即是其被抛弃之时。不管有机生命的倒退惯性多么普遍，本能总是努力以根本不同的方式来达到其目的。这就是维持生命与破坏生命的不同。从本能生命的共同本性中产生了两种相对抗

---

① 弗洛伊德：《超越快乐原则》，第 86 页。
② 弗洛伊德：《自我与本我》（伦敦，1950 年），第 66 页。
③ 弗洛伊德：《超越快乐原则》，第 76 页。

的本能。其中生命本能(爱欲)压倒了死亡本能。生命本能不断地反抗和推迟"向死亡的堕落"："表现在本能需要中的爱欲和性本能的要求造成了新的张力。"①生命本能把胚胎细胞从有机体中分离出来，把两个这样的细胞体结合起来，②并同时着手建立和保存生命的"更大的统一体"。③生命本能就是这样来履行其生命繁殖功能的，"并且战胜了死亡，获得了生命体的潜在的不朽性"。④人们对生命本能的这种动态二元论似乎都深信不疑。但弗洛伊德的论题立即又回到了本能的原初共性上。生命本能"是保守的，就是说，它像其他本能一样，恢复着生命体的某些早期状态"，虽然它们比其他本能具有"更高度"的保守性。⑤因此性欲最终与死亡本能服从同样的原则。在后期，弗洛伊德为了说明性欲的倒退特征，恢复了柏拉图的奇异假设："生命体在获得生命时就被撕成碎片，这些碎片从那时起就一直想通过性本能重新结合起来。"⑥尽管有这些证据，我们还是要问，爱欲归根到底是否只是为死亡本能服务？生命果真只是一条漫长的"通向死亡之路"吗？⑦但这些证据之有力，这条道路之漫长，使我们足以正当地提出相反的假

① 弗洛伊德：《自我与本我》，第66页。
② 弗洛伊德：《超越快乐原则》，第52—53页。
③ 弗洛伊德：《精神分析大纲》(纽约，1949年)，第20页。
④ 弗洛伊德：《超越快乐原则》，第53页。
⑤ 同上。
⑥ 同上书，第80页。
⑦ 同上书，第50—51页。

设。爱欲是保存一切生命的巨大的统一力量。[①]爱欲与死欲之间的最终关系则依旧不明。

假如爱欲和死欲表现为两个基本本能，它们的无处不在和不断融合（与分裂）构成了生命过程的特征，那么这样一种本能理论就决不只是对在此之前的弗洛伊德思想的修修补补了。精神分析学家正确地强调，弗洛伊德后来的元心理学的基础乃是一种本质上全新的本能概念：规定本能的，不再是它的起源及其有机功能，而是给生命过程以确定方向的决定力量，即“生命原则”。本能、原则、调节，这样一些观念正在被同化。“在受某些原则调节的心理机制同从外部渗入这种机制的本能之间再也不能认为有什么严格的对立了”。[②]而且，从引入自恋概念以来就一直显得可疑的二元论的本能观，现在似乎也遭到了一个来自完全不同方向的威胁。由于在自我本能中看到了力比多成分，要想发现任何不是力比多的本能，[③]发现任何并不表现为爱欲派生物的本能冲动，[④]实际上已经不可能了。

我们将看到，这种认为在主要的本能结构中不可能发现任何非爱欲的东西的观点，这种性欲一元论的观点，正是真理的

① 弗洛伊德：《自我与本我》，第 88 页；《文明及其不满》（伦敦，1949 年），第 102 页。

② 爱德华 · 比伯林：《本能理论的发展及其问题》。另见海因茨 · 哈特曼：《评精神分析的本能内驱力理论》，载《精神分析专刊》，第十七卷，第 3 期（1948 年）。

③ 弗洛伊德：《超越快乐原则》，第 73 页。

④ 弗洛伊德：《自我与本我》，第 66 页。

标志。但它现在似乎变成了其反面，变成了死亡一元论。事实上，对爱欲的重复性、倒退性，“特别是”对性虐待狂成分的分析，也恢复了曾被动摇的二元论概念：在主要本能结构中，死亡本能自动地变成了爱欲的对手，它们的永恒斗争变成了主要的原动力。但对本能共有的“保守性质”的发现危及了这种二元论概念，并使弗洛伊德后期的元心理学继续具有一种悬而未决、深奥莫测的特征，这使它成了人的科学中一次最大的理智冒险。对两种基本本能共有起源的追究再也不能受到压制了。弗尼切尔指出，[①]弗洛伊德本人假定了一种可被替代的能量，它本身是中性的，可以把各种力量或者与爱欲冲动或者与破坏冲突相联系，即或者与生命本能、或者与死亡本能相联系。这时，弗洛伊德就向上述目标迈出了决定性的一步。在此之前，死亡还从未被如此自圆其说地引入生命的本质，也从来没与爱欲如此接近。弗尼切尔提出了一个根本的问题：爱欲与死亡本能的对立难道不是一个本来共同的根源的分化？他指出，可以认为，集合成死亡本能的诸现象表现了一条“适用于一切本能”的原则。这条原则在发展过程中“可能曾因受到外部的影响而发生过变化”。[②]而且，假如所有有机生命中的“强制性倒退”都追求完全的安宁，如果涅槃原则是快乐原则的基

① 弗尼切尔：《对死亡本能的考察》，载《影像》，第二十一卷(1935 年)，第 463 页，英译本，载《弗尼切尔论文集》(纽约，1953 年)，第 363—372 页。

② 弗尼切尔：《精神分析的神经症理论》(纽约，1945 年)，第 59 页。

础，那么死亡的必然性就会呈现出全新的面目。死亡本能的破坏性不是为它自己，而是为了解除张力。向死亡退却也就是在无意识地逃离痛苦和缺乏，它表现了反痛苦、反压抑的永恒斗争。影响着这场斗争的历史变化，似乎也影响着死亡本能本身。要对本能的历史特性作进一步解释，就必须把本能置于同弗洛伊德最后的本能理论相一致的新的人格概念之中。

现在，心理结构的主要层次被划分为本我、自我和超我。其中本我是最古老、最根本、最广泛的层次，这是无意识的领域、主要本能的领域。本我不受任何构成有意识的社会个体的形式和原则的束缚。它既不受时间的影响，也不为矛盾所困扰。它不知道“任何价值、任何善恶、任何道德”。[①]它并不想自我保存，[②]因为它所追求的只是按照快乐原则使其本能需求得到满足。[③]

在外部世界(环境)的影响下，一部分具有接受和避免刺激的器官的本我逐渐地发展成了自我。自我是本我和外部世界的“中间人”。知觉和意识只不过是自我的最细小、最表面的部分，是在位置上最接近外部世界的部分；但自我正是以它们(知觉—意识系统)为工具来观察和检验现实、摄取并保存现实的“真实面目”，使自己与这个现实相适应，并为了自身的目的

① 弗洛伊德：《精神分析引论新编》，第105页。
② 弗洛伊德：《精神分析大纲》，第19页。
③ 弗洛伊德：《精神分析引论新编》，第104页。

而对它加以改造，从而保证了自己的生存。这样，自我就担起了为本我“表象外部世界从而拯救本我的任务；因为否则的话，如果本我完全无视巨大的外部力量，而盲目地追求其本能的满足，它就难免灭顶之灾”。[1]在完成这一任务时，自我的主要功能是协调、改变、组织和控制本我的本能冲动，以使其与现实的冲突降到最低限度，即压抑那些与现实冲突的冲动，并通过改变其目标、延缓和转移其满足、改变其满足方式、促使其与其他冲动相结合等方式，来使别的冲动与现实相“一致”。这样自我“废黜了无可辩驳地支配着本我过程的快乐原则。取而代之的是可能提供较强的安全感和较高效率的现实原则”。

自我具有的重要功能保证了有机体的本能满足，如果没有这些功能，有机体肯定会遭到破坏或者自己破坏自己。尽管如此，自我仍保留着从本我中“发展出来”的胎记。较之本我，自我的过程仍然是**次要过程**。弗洛伊德的早期理论最清楚地说明了自我具有的这种依赖性功能。他认为，一切思想都“纯粹是一条曲折的道路，其出发点是对满足的记忆，而最终点是这种记忆的同等的贯注。这个最终点还可以借助无意识的经验来达到”。[2]对满足的记忆先于一切思维，而要恢复以往得到的

① 弗洛伊德：《精神分析引论新编》，第 106 页。

② 弗洛伊德：《梦的解释》，第 535 页。在精神分析的后期发展中，人们对自我的地位的看法更加肯定了，同时还强调它的“综合”和“统一”功能。关于这一重心转变的意义，请参见本书附录。

满足的冲动乃是思维过程背后隐蔽的推动力。由于现实原则使这一过程成了一个无限漫长的曲折道路，自我经验到的现实基本上是敌对的，自我的态度也基本上是一种“保卫”的态度。但另一方面，由于现实通过这条曲折的道路提供了满足(尽管是“变形了的”满足)，自我不得不拒斥那些一旦获得满足便会殃及生命的冲动。因此，自我的保卫战是在两条战线上展开的斗争。

在自我的发展过程中，出现了另一个心理“实体”即超我。超我产生于婴儿对父母的长期依赖；父母的影响依然是超我的核心。因此，在它成为现成道德和“人们所谓的人生中的‘优秀’品质”的有力代表之前，超我也受到一些社会和文化的影响。因此，一开始由父母、接着由其他社会机构强加于个体的“外在约束”被心力内投于自我，从而变成了它的“良心”；于是，负罪感，即对由违背这些约束或想违背这些约束的愿望所产生的惩罚需要(特别是在奥狄帕斯情结中)便充斥于心理生活。“自我总是一无例外地实行压抑，以服务、听命于超我”。[①]但这些压抑不久就仿佛成了无意识的和自然的东西，而且“大部分”负罪感也仍是无意识的。

弗兰茨·亚历山大谈到了“依赖于知觉(和判断)的有意识谴责向一种无意识压抑过程的转变”。他假定，生机勃勃的精

① 弗洛伊德：《自我与本我》，第 75 页。

神能量有一种降低为某种“僵死形式的趋向，即精神的物质化趋向”。[1]这种发展对文明进程具有极端的重要性，正是借助于这种发展，最初同现实(即在超我形成过程中的父母及其接替者)的要求发生的有意识冲突转变成了无意识的自动反应。现实原则表明其作用的方式是使自我朝某个方向收缩。于是本能的自主发展被阻碍了，本能的型式也停滞在儿童水平上。对先前状态的坚持植根于本能结构中。在文学和比喻的意义上，个体在本能方面也成为反动的了。个体无意识地对自己实行一种严酷的惩罚，这在其发展的婴儿阶段是适合的，但根据(个体和社会)成熟的理性可能性来说，它已从那时起就变得过时了。[2]个体因没有做某些事情或因做了某些现在不再与文明现实、文明人相冲突的行为而实行了自我惩罚(然后再被他人惩罚)。

因此超我所执行的不仅有现实的要求，而且还有一个以往的现实的要求。由于这些无意识机制的作用，心理发展落在了现实发展之后，或者(由于心理发展是现实发展的一部分)阻碍了现实的发展，并借口过去的东西而否定了现实发展的潜在可能性。过去表明其在个体及其社会的形成过程中具有双重的功能。在恢复肯定已摆脱了缺乏的原始快乐原则的统治时，本我

---

① 弗朗茨·亚历山大：《完整人格的精神分析》(纽约，1929 年)，第 14 页。
② 同上书，第 23—25 页。

把对这一状态的记忆痕迹贯彻到每一个即将来临的未来：它把过去投射到将来。但同样无意识的超我则放弃了这种对未来的本能要求。它借过去的名义所要求的不再是完整满足，而是痛苦地与使人头疼的现在相适应。从属系发生和个体发生情况来看，随着文明的进步和个体的成长，由于承认了不自由的必然性，自由与必然的统一的记忆痕迹消失了。理性的和理性化的记忆本身也屈从于现实原则了。

现实原则支持着外部世界中的有机体。对人类有机体来说，这个外部世界就是一种**历史**的世界。成长着的自我所面对的外部世界在任何阶段都是某种现实的特定社会—历史组织，它通过特定的社会机构及其代理人影响心理结构。曾有人认为，弗洛伊德的**现实原则**概念由于把历史偶然性变成了生物必然性而抹杀了这个事实，因为他对本能在现实原则作用下发生的压抑性转变所作的分析，使现实的一种特定的历史形式成为纯粹、绝对的现实。这种批评现在还是有效的，但这种有效性并不影响弗洛伊德下述概括的真实性：一种压抑性的本能组织是文明中现实原则的一切历史形式的基础。如果他根据原始快乐原则与现实原则的势不两立来证明这种压抑性本能组织的合理性，他就表明了一个历史事实：文明是作为有组织的**统治**而取得进步的。这种意识指导着他对整个属系发生理论的构造。根据这种理论，文明产生于原始部落的家长专制之被兄弟宗族的内在化专制所代替。正因为所有文明都成了有组织的统治，历史的发展就具有了一种普遍的生物发展的庄严性和必然性。因此，弗洛伊德理论的“非历史”性正好包含了其对立面。恢复它的历史本性，不是靠给它增加某些社会学因素(如“文化”学派的新弗洛伊德主义所做的那样)，而是靠展开其自身的内容。在这种意义上，我们下面的讨论只是一种“外推”，即从弗洛伊德理论中推导出那些只是以某种具体的形式潜存于其中的概念和命题，根据这些概念和命题，历史过程乃是自然的(生物的)过程。

在术语上，这种外推要求成对的概念，弗洛伊德的术语没有在本能的生物变迁与社会历史变迁之间作出恰当的区分，因此对他的这些术语，现在必须配以相应的表示特定的社会—历史成分的术语。在此我们引入两个这样的术语：

(1) **额外压抑**：这是为社会统治所必不可少的约束。它与(基本)**压抑**的区别在于，它是为使人类在文明中永久生存下去而对本能所作的必要“变更”。

(2) **操作原则**：这是**现实原则**的现行历史形式。

在现实原则背后，存在着一个基本事实，这就是缺乏。这意味着，生存斗争是在一个很贫穷的世界上发生的，人类的需要，如果不加限制、节制和延迟，就无法在此得到满足。换言之，要得到任何可能的满足都必须**工作**，必须为获得满足需要的手段而从事颇为痛苦的劳动。由于工作具有持久性(实际上它占去了成熟个体的全部生存)，快乐受到阻碍，痛苦得以盛行。而且，由于基本本能所追求的是快乐的放纵和痛苦的消失，快乐原则与现实发生了冲突，本能被迫接受一种压抑性管制。

但这个在弗洛伊德元心理学中举足轻重的论点，由于把事实上是由特定的缺乏组织和这种组织所坚持的特定的生存态度造成的结果运用到缺乏这个严峻的事实本身上去，而变得荒谬了。普遍存在的缺乏，在整个文明过程中都被组织了起来(尽管是以很不相同的方式组织起来的)，使它不按照个体的需要分配而是作集体的分配；组织人们获取满足需要的物品也不是为了最好地满足个体日益发展的需要。相反，缺乏的分配、克服缺乏的努力以及工作的方式，都是强加于个体的，首先是诉诸暴力，接着是通过对权力的较为合理的使用而达到其目的的。但不管这种合理性对整体的进步是多么有用，它仍然是统治的合理性，而且对缺乏的逐渐征服也不可避免地牵涉到统治利益，并为这种统治利益所规定。统治不同于合理行使职权。后者为劳动的任何合理分工所固有，它源于认识，并限于管理为整体进步所必要的机能和工作。统治则相反。实行这种统治的，是为了维持和扩大自己的特权地位的特殊团体和个体。这样的统治并不排斥技术上、物质上和思想上的进步，但这种进步只是在保存非理性的缺乏、贫困和压制时不可避免地产生的副产品。

对人和自然的各种统治方式决定了现实原则的各种历史模

式。例如一个所有成员都为生活而正常工作的社会所需要的那种压抑，就不同于劳动只是作为某个特定团体的专门职业的社会所需要的那种压抑。同样，压抑的范围与程度也随社会生产是以个体消费为目的，还是以赢利为目的而不同，随占统治地位的是市场经济还是计划经济而不同。这些不同也影响到现实原则的内容，因为任何形式的现实原则都必须体现在传达和执行使本能发生“必要变化”的一系列社会机构、社会关系和法律及价值标准之中。现实原则的“内容”在文明的不同阶段是各不相同的。而且，虽然任何形式的现实原则都要求对本能实行相当程度和规模的压抑性控制，现实原则的特定历史机构和统治的特定利益，除了造成那些为文明人类的联合所必不可少的控制以外，还引进了一些**附加**的控制。我们把这种产生于特定统治机构的附加控制称为**额外压抑**。

例如，为了维持一夫一妻制家庭，为了实行等级制的劳动分工，为了公共地控制个体的私人生存，都必须“改变”和“转移”本能能量，而这种改变和转移就是**特定**现实原则机构实行的额外压抑的例子。这是在对本能的基本(属系发生的)约束之外附加的压抑，而这种基本压抑乃是人从原始人向现代人发展的标志。那股限制和指导本能内驱力并使生物必要性成为个体的需要和欲望的力量，不是减少而是增加了满足，因为“吞没”自然，打破自然的强制，正是人所特有的快乐原则的形式。对本能的这样一些约束，最初可能是由于缺乏、由于原始人的长期依赖性而造成的，但现在却成了人的特权和荣誉，它们使人有能力把实现愿望的盲目必然性转变成所寻求的满足。[1]

“抑制”部分的性冲动，向生殖器性欲的发展，就属于这一基本压抑层，它有可能造成极度的快乐，因为有机体的成熟与快乐的、正常的、自然的成熟有关。但对本能内驱力的控制也可用来反对满足；在文明史上，基本压抑和额外压抑总是不可分割地错综复杂地交叉在一起的。而且向生殖器性欲的正常发展也得到了某种组织，这就使部分的冲动及其冲动“区”几乎被非性欲化了，从而符合人类生存的特定社会组织的要求。“邻近感觉”（嗅觉和味觉）的变迁是一个很好的例子，可用来解释基本压抑和额外压抑的关系。弗洛伊德认为：“也许自人能够直立从而人的嗅觉器官离开地面以来，本能中的嗜粪癖因素就成为与我们的审美思想不符的东西。”[2]但邻近感觉之在文明中被征服还有另一个方面，即这种感觉也屈从于强烈的肉体快乐所被迫接受的禁忌。“比起由声音引起的较高尚的快乐和最非肉体性的快乐、即对某种美丽的东西的视觉来，味觉和嗅觉的快乐就是极为肉欲的、身体的快乐。”[3]嗅觉和味觉产

① 参见本书第十一章。

② 弗洛伊德：《爱欲生活中最流行的退化形式》，载《弗洛伊德论文集》（伦敦，1950年），第四卷，第215页。

③ 欧内斯特·G·沙赫特：《论记忆和儿童健忘》，载帕特里克·马拉希编：《人际关系研究》（纽约，1950年），第24页。

生的仿佛是某种本身未升华的快乐(和未受压抑的厌恶)。它们不必借助于一般的、约定的意识、道德和审美形式，便可以直接地把个体联系起来(和分离开来)。这种直接性是同有效地有组织统治、同某种社会格格不入的，这社会“使人孤立、分离，并阻碍自发联系的形成以及对这种联系的‘自然的’类似动物的表现”。[①]邻近感觉的快乐对肉体的性欲区发生作用，因而它是为快乐而快乐。它的不受压抑的发展将使有机体极度性欲化，使它能与其非性欲化相抗衡，而后者乃是使有机体被社会用作劳动工具的必要条件。

在整个有记载的文明史上，缺乏和劳动的等级分配进一步加强了由缺乏引起的本能压抑。在现实原则下，统治利益要求对本能组织施加额外压抑。快乐原则被废黜，不仅是因为它妨碍文明进步，还因为它所反抗的恰恰是一种其进步将使统治和苦役持久存在的文明。弗洛伊德在把文明的性欲态度与一个氏族的性欲态度或一部分“取得了优势并想损人利己的人”的性欲态度作比较时，似乎也承认了这个事实。“因此，害怕被压迫者的反抗就成了实行更严厉控制的动力。”[②]

在现实原则下导致的本能变化既影响生命本能，也影响死亡本能。但只有根据生命本能的发展，根据压抑性的性欲组织

① 欧内斯特·G·沙赫特：《论记忆和儿童健忘》，载帕特里克·马拉希编：《人际关系研究》(纽约，1950年)，第26页。

② 弗洛伊德：《文明及其不满》，第74页。

的发展，才可以充分理解死亡本能的发展。性本能在现实原则面前首当其冲。其组织的最高峰是使本能组元屈从于至高无上的生殖器性欲，使性本能屈从于生育功能。这一过程包括使力比多从自己的肉体向外在的异性对象的转移(即对主要自恋和次要自恋的控制)。对本能组元和非生育性生殖器性欲的满足可以根据其独立程度，或作为反常现象予以禁忌，或使之升华，将其转变为某种辅助的生育性性欲。而且在大多数文明形式中，这种生育性性欲都被纳入一夫一妻制。一夫一妻制对性欲作了质和量的限制，因为本能组元的统一及其对生育功能的屈从改变了性欲的本性，它从支配整个有机体的“自发原则”转变成了一种特定的暂时功能，一种达到目的的手段。就支配着“未加组织的”性本能的快乐原则而言，繁殖不过是一种副产品。性欲的主要内容是“在肉体的若干区域获得快乐的功能”。这种功能只是在后来才“被用于繁殖”。[①]弗洛伊德一再强调，假如不是为了着眼于繁殖而受到组织，性欲将消除所有非性欲的，从而也是所有文明化的社会关系，即使是在成熟的异性生殖器恋阶段也不例外。

> ……造成文明和性欲冲突的环境是，一方面，性爱只是两个人之间的关系，第三者乃是多余的、有破坏作用

① 弗洛伊德：《精神分析大纲》，第26页。

的；另一方面，文明的基础却正是一大群人之间的关系。当爱情关系达到顶点时，它将毫不顾及周围世界的利害关系。对他们自己来说，一对情人就是一切，甚至也无需他们共同生育的子女来使自己幸福。①

先前，在论证性本能与自我保存本能的区别时，弗洛伊德指出了性欲的重要内涵：

不容否认，一个人行使这种功能时并不像从事其他活动那样，总会给自己带来益处。相反，为某种特别高级的快乐之故，这种功能会使人陷入危险，甚至常常会夺取其生命。②

这种解释把性欲看做是一种本质上与文明相抵触的破坏力量。但怎么用它来证实爱欲是一种“把有机体结合成较大统一体的努力”、③“一种造就并保存更大统一体的努力，简言之，一种联合努力”呢？④ 性欲怎么有可能去“‘替代’以完满为目标的本能”呢？⑤ 怎么能“使世间万物结合起来”呢？⑥ 认为性

① 弗洛伊德：《文明及其不满》，第79—80页。
② 弗洛伊德：《精神分析引论》（纽约，1943年），第358页。
③ 弗洛伊德：《超越快乐原则》，第57页。
④ 弗洛伊德：《精神分析大纲》，第20页。
⑤ 弗洛伊德：《超越快乐原则》，第57页。
⑥ 弗洛伊德：《集体心理学和自我的分析》（纽约，1949年），第40页。

欲是非社会性的看法怎么能与“认为情爱关系（用中性的词说是情感纽带）构成了集体心灵的本质的假定”相一致呢？①若把那种破坏性内涵归于早期的性欲概念，而把建设性内涵归于爱欲概念，仍不能解释上述明显的矛盾，因为爱欲既有破坏性，又有建设性。在《文明及其不满》一书中，紧接着前面那段引自该书的话，弗洛伊德就把这两个方面结合了起来：“在任何其他情况下，爱欲都没有如此明显地表现出它的存在核心，也就是旨在从多中构造一。一旦通过使两个人相爱这种众所周知的方法达到了这个目的时，它就止步不前了。”把爱欲的这种建设性力量仅仅归结为得到升华的性欲，同样不能消除这个矛盾，因为在弗洛伊德看来，导致更大统一体的内驱力乃是爱欲本身的生物有机本性。

我们的这些解释并不是想调和性欲的两个矛盾的方面，而是要说明，它们反映了弗洛伊德理论内部存在着没有调和的张力：他认为在病态文明中受到束缚、感到困乏的爱欲具有统一力量和满足力量，但他又认为快乐原则与现实原则之间、性欲与文明之间存在着不可避免的生物冲突，这两个思想是互相抵触的。前者意味着**自由的**爱欲并不排斥文明的持久的社会关系，它所拒绝的只是在一个否定了快乐原则指导下的超压抑性的社会关系组织。弗洛伊德允许自己设想一种文明，在这样一

① 弗洛伊德：《集体心理学和自我的分析》（纽约，1949 年），第 40 页。

种文明中的个体们都一对一地“各自从对方那里得到力比多满足，并通过工作和共同利益而与其他人发生联系”。[①]但他又补充说，这样一种理想境界实际上并不存在，并且也从未存在过；文化“使目标受抑的力比多付出昂贵的代价，因此不免要对性生活产生很大的约束”。他在已与性欲完全融为一体的攻击性本能中发现了文化“同性欲相对抗”的原因：这种本能将有可能摧毁文明，迫使文化“动员一切可能的力量”与它相抗衡。“于是就出现了一系列将迫使人类进入自居作用和目标受抑的爱情关系的方法，出现了对性生活的约束。”[②]但是，弗洛伊德又指出，这套对性的压抑方法并没有真正解决冲突。文明陷入破坏性的辩证法之中，因为对爱欲的持久约束最终将削弱生命本能，从而强化并释放那些要求对它们进行约束的力量，即破坏力量。这一辩证法乃是至今没有得到研究、反而被禁忌的弗洛伊德元心理学的核心。后面我们将对此作些研讨。但在这里，我们要用弗洛伊德那种敌对的爱欲概念来说明由现存的现实原则实施的压抑的特定历史模式。

在引入**额外压抑**一词时，我们着重讨论了构成现实原则的社会内容的诸机构和诸关系。这些东西并不完全反映同一现实原则的变化着的种种外部表现，相反，它实际上在改变着现实

① 弗洛伊德：《文明及其不满》，第 80 页。另见他的《一种幻觉的未来》（纽约，1949 年），第 10—11 页。

② 同上书，第 86—87 页。

原则本身。因此，如果我们企图说明现代文明中主要压抑的范围和界限，就必须根据支配这一文明产生和发展的特定的现实原则来进行描述。我们称这种特定的现实原则为操作原则，目的是要强调，在这种原则统治下，社会根据其成员竞争性的经济的操作活动而被分成各个阶层。显然，这样的操作原则不是历史上仅有的现实原则，因为不仅在原始文化中，而且在现阶段，也存在着其他模式的社会组织。

操作原则是一个不断发展的、进取的对抗性社会的原则。它的前提是，在长期的发展中，统治将变得越来越合理，因为对社会劳动的控制现在正以更大的规模、更好的条件再生出社会来。经过漫长的历史发展，统治利益与整体利益汇合了，因为对生产设施的合理使用满足了个体的需要和机能。对绝大多数人来说，满足的规模和方式受制于其自己的劳动。然而他们却是在为某种设施而劳动，并对这种设施无法进行控制，这是一种个体若想生存就必须屈从于它的独立的力量。而且劳动分工越专门，他们的劳动就越异化。人们并不在过自己的生活，而只是在履行某种事先确立的功能。虽然他们在工作，却不能满足自己的需要和发挥自己的作用。他们是在异化中工作。现在，工作变成了一般工作，因而导致了对力比多的约束：占据极大部分个体生活时间的劳动时间是痛苦的时间，因为异化劳动是对满足的反动，对快乐原则的否定。力比多被转到对社会有用的操作上去，在这些操作中，个体从事着同自己的机能和需要根本不协调的活动。因此个体仅就其为某一实施工作而言，才可说他也在为自己工作。

但重要的是，未升华的攻击本能没有得益于被这样收回的本能能量，因为在劳动中对这种能量的社会利用维持甚至丰富了个体的生命。似乎强加于力比多的约束越普遍、越充斥于整个社会，也就越合理。这些约束作为一种外在的客观规律，同时又作为一种内在化的力量，对个体施加影响，因为社会权威已被吸收进了个体的良心和无意识之中，并作为他自己的欲望、道德和满足的东西在起作用。在“正常的”发展中，个体“自由地”经受着压抑，把压抑作为自己的生活，因为他所欲求的东西乃是假定他要欲求的东西。他的满足对自己对别人都是有利的；他的幸福是合理的，并且常常是充分的。这种幸福零星地产生于下班（日班或夜班）以后的闲暇时间，但有时也产生于工作时间。这种幸福能使他继续从事操作，而这种操作反过来又使他和其他人的劳动得以无休止地维系下去。与此同时，他的爱欲操作也已被纳入社会操作的同一轨道。压抑在统治种种事物的伟大的客观秩序中消失了。这种秩序在一定程度上恰当地赞扬了俯首帖耳的个体，因而也在一定程度上恰当地再生出了整个社会。

性欲与文明的冲突随着统治的这种发展而发展。在操作原则统治下，人的身心都成了异化劳动的工具，而只有当人的身心抛弃了人类有机体原先具有并追求的力比多的主—客体自由时，才会成为这样的工具。时间的分配在这一转折中起着根本性的作用。在上班时，人作为一种从事异化操作的工具，其生存时间只是零星的。只有业余时间对他来说才是自由的(假如正常工作，包括准备工作和上下班需要10小时，而睡眠和吃饭这种生物需要也需要10小时，那么在一个人的大部分生活历程中，他每天的24小时中只有4小时的自由时间)。这种自由时间可以潜在地用来获取快乐。但支配本我的快乐原则是“没有时间限制”的，就是说，它不允许对快乐作时间上的瓜分，不允许对快乐作一次次小剂量的分配。但是，由操作原则支配的社会必然要强行作这样的分配，因为它必须在其根基上，即在其快乐自我上，对有机体作异化训练。[①]有机体必须学会不再要求无时间限制的、无用的满足，不再要求“永久的快乐”。而且，原先限于上班时间的异化和管制现在蔓入了自由时间。这种调整并非必定是，而且通常也不是由社会机构从外部实施的。对闲暇的基本控制也是由冗长的工作时间本身，由讨厌的、机械性的异化劳动程序实现的。这就要求闲暇应当是工作能量的一种消极释放和再创造。在后期工业文明阶段，生产力

① 确实，每一种社会形式，每一种文明，都迫切需要劳动时间，以获得生活必需品和奢侈品。但并非任何一种劳动都必然地与快乐原则发生冲突。与工作有关的人的关系“可以释放大量的有力比多成分的冲动，包括自恋冲动、攻击冲动，甚至爱欲冲动”(《文明及其不满》，第34页注)。不可避免地要发生冲突的二者不是工作(现实原则)和爱欲(快乐原则)，而是异化劳动(操作原则)与爱欲。关于非异化的、力比多工作的观念将在下面讨论。

的发展很可能要冲破压抑性统治所规定的限度。直到这时，才由大规模的操纵技术产生了一个直接控制闲暇时间的娱乐社会，或者说，才由国家直接实施这种控制。[①]但对个体也不能置之不顾。因为由本我产生的力比多能量如果得以放任自流，并得到一种自由的理智，凭着这种理智认识到有可能摆脱压抑性现实的话，那它就将强烈地反抗对它实行更多的外部“约束”，并竭力吞没更大范围的生存关系，从而摧毁现实自我及其压抑性操作。

性欲组织反映了操作原则及其社会组织的基本特征。弗洛伊德强调了它的集中化这个方面。这种集中化特别表现在把本能组元的各种对象统一为单一的、异化的力比多对象，表现在确立了生殖器性欲至高无上性方面。在这两种情况中，这个统一过程都是压抑过程，就是说，本能组元并没有自由地发展到一个“更高级”的、保存了它们原有目标的满足阶段，相反，这种发展受到了阻碍，它们的功能成为从属的了。这个过程导致的肉体非性欲化结果对社会是必要的，因为这样，力比多就集中到了身体的某一个部位，而其余部位则可以自由地用作劳动工具。于是力比多不仅在时间上减少了，而且在空间上也缩小了。

本来，性本能对其主客体都没有任何外来的时空上的限制。性欲本质上是“放荡不羁的”。性本能的社会组织实际上

① 参见本书第四章。

把所有无助于生育功能的性本能表现都视为性反常行为而予以禁止。假如没有那些严厉的约束，这些行为可以抵制升华，而升华乃是文化发展的基础。在弗尼切尔看来，“前生殖器恋期所追求的东西乃是升华的目标”，而生殖器恋的主导乃是升华的前提。[①]弗洛伊德问道，为什么要如此特别严格地对性反常行为实行禁忌呢？他断言，没有人会忘记，性反常行为不仅是可憎的，而且也是可笑和可怕的，“它们仿佛有一种诱人堕落的影响；似乎要将那种对有性反常行为的人的隐藏的嫉妒连根拔除”。[②]性反常行为似乎会比正常的性欲更能满足性欲。其原因何在呢？弗洛伊德强调，这是因为性反常行为具有排他性，它们排除了生育的性行为。因此性反常行为反对把性欲纳入生育秩序，反对保证这种秩序的各种机构。精神分析理论看到，防止或者排除生育的实践，实际上是打断繁殖链条，也是打断父亲统治的链条，即实际上是阻止“父亲的再现”。[③]性反常行为似乎拒绝现实自我对快乐自我的全面奴役。由于性反常行为是在一个压抑的世界上要求得到本能自由的，所以它们常常以断然放弃与性压抑相伴而生的负罪感为特征。[④]

性反常行为在快乐原则名义下反对操作原则，这一点与幻

---

① 弗洛伊德：《精神分析的神经症理论》，第 142 页。

② 弗洛伊德：《精神分析引论》，第 282 页。

③ G·巴拉格：《对卖淫的精神分析》，载《影像》，第二十三卷，第 3 期(1937 年)，第 345 页。

④ 奥托·兰克：《性欲与负罪感》(莱比锡，1926 年)，第 103 页。

想极其类似，因为幻想同样“不受现实检验，而只服从快乐原则”。[①]它不仅在反常的性欲表现中具有构成作用，[②]而且它还作为一种艺术家的想象把性反常行为与完整自由和满足的形象连接在一起。在一种视正常、对社会有用和善这三者为一回事的压抑性秩序中，为快乐而快乐的种种表现就必定像《恶之华》[③]中所描述的那样。肯定性反常行为的人反对社会把性欲作为达到某一有用目的的工具，而主张把性欲看做一个自在的目的。因而使这些行为不受操作原则统治，相反还对这一原则的基础提出了挑战。这些行为确立的力比多关系必然为社会所排斥，因为它们有可能扭转使有机体成为劳动工具的文明进程。它们标志着某些必须被遏制的东西，这种遏制将占据主导地位并能组织起人和自然的更有效的统治。此外这些行为也标志着自由与幸福之间的破坏性等同。而且，对性反常行为听之任之，将不仅危及劳动力的再生产，甚至会危及人类自身的再生产。本来在正常的人类生存中就很不稳定的爱欲与死亡本能的结合，在性反常行为中似乎变得松弛了，不过这并没有危险。这种结合的松动显示了死亡本能中的性欲成分，性本能中

① 弗洛伊德：《……心理活动的两个原则》，载《弗洛伊德论文集》，第四卷，第16—17页。

② 奥托·兰克：《性欲与负罪感》，第14—15页。

③ 《恶之华》是法国诗人C·波德莱尔（1821—1867年）的主要诗集。诗中歌咏死亡，描写病态心理，充满悲观厌世情绪。这些思想对欧美的颓废文学影响很大。——编者

的死亡成分。性反常行为意味着爱欲本能和死亡本能的最终同一，或者说意味着爱欲将屈从于死亡本能。力比多的文化任务(生命任务?)是要使“破坏本能无害”，[1]但在这里却落空了，因为寻求最高的、完整的满足的本能内驱力从快乐原则退到了涅槃原则。文明已承认并容许这种极端的危险，因为它一方面认为作为一种自在目的的爱欲的不太完全但却较为现实的表现是不合理的，另一方面却赞赏死亡本能和爱欲在高度升华的和爱情之死(一夫一妻制)的创造物中的结合。

不存在与爱欲的社会组织相应的、死亡本能的社会组织。死亡本能的深刻作用使它免受一种系统的、有秩序的组织的束缚；只是它的某些派生的表现才有可能被限制。它作为施虐—受虐狂满足的一个组成部分，受到对性反常行为的严格禁忌的影响。而且，文明的全部进步之所以可能，也只是由于改造利用了死亡本能及其衍生物。主要的破坏性从自我向外部世界的转移，导致了技术上的进步。而用死亡本能来形成超我，则惩罚性地导致了快乐自我对现实原则的屈服，从而确保了文明的道德。在这一转变过程中，死亡本能服务于爱欲。攻击冲动则为继续不断地改变、控制和开发自然以为人类谋福利提供了能量。在攻击、分化、改变和粉碎事物及动物(时常还包括人)

① 弗洛伊德：《色情受虐狂的经济问题》，载《弗洛伊德论文集》，第二卷，第260页。

时，人把他的统治扩展到了整个世界，并走向更富裕的文明阶段。但文明仍完全保存着其致命成分的标志：

> ……我们好像差不多要被迫接受这样一个可怕的假设：死亡原则就体现在人的所有建设性的社会活动的结构和本质中，任何进步的冲动都将变得疲惫不堪，理智无法持久地防范强大的野蛮状态。[①]

被纳入社会轨道的破坏性一再表明，它源于蔑视任何有用性的冲动。在对民族敌人和集体敌人宣战，对时间、空间和人作破坏性征服的理性的和理性化的动机背后，爱欲的死对头表现为持久地赞成和参与受害者行列。[②]

“在塑造人格过程中，破坏本能最清楚地表现在超我的形成中。”[③]确实，超我通过对本我的非现实冲动的防范，通过对奥狄帕斯情结的持久征服，确保了自我的统一性，确保了在现实原则下的发展，从而服务于爱欲。但超我是通过使自我与其本我对立，使部分破坏本能与部分人格对立，即通过破坏和分裂完整的人格统一性，来达到这些目的的；因此它为生命本能

---

① 特罗特·威尔弗雷德：《和平与战争中平民的本能》（伦敦，1953年），第196—197页。

② 弗洛伊德：《为什么战争?》，载《弗洛伊德论文集》，第五卷，第273页以后。

③ 弗朗茨·亚历山大：《完整人格的精神分析》，第159页。

的敌对者服务。而且，这种内向的破坏性构成了成熟人格的道德核心。良心，这个文明个体最珍爱的道德力量也渗透着死亡本能；超我执行的绝对命令依然是一种自我破坏的命令，虽然它也造就了人格的社会生存。压抑既是死亡本能的产物，也是生命本能的产物。这两种本能在正常情况下的结合是一种健康的结合，但超我持久的严格性始终威胁着这种健康的平衡。“一个人越是抑制其对他人的攻击倾向，他在他的‘理想自我’中就变得越专制，即越有攻击性……他的理想自我对其自我的攻击倾向就愈强烈。”[①]“纯粹的死亡本能的文化”在忧郁症中走向极端，因而在超我中可以占据支配地位：超我可以成为“死亡本能的一个集合地”。[②]但是这种极端的危险却植根于自我的正常状况中。由于自我的活动导致了

> ……超我中攻击本能的解放，自我反对力比多的斗争就使它面临被虐待和死亡的危险。自我在忍受甚至屈从超我的攻击时，面临着类似原生动物所面临的命运，因为后者也是被它自己创造的蜕变物破坏的。[③]

弗洛伊德对此做了补充，他认为：“从(心理)经济观点来看，

① 弗洛伊德：《自我与本我》，第 79、80 页。
② 同上书，第 77、79 页。
③ 同上书，第 84 页。

在超我中起作用的道德似乎就是类似的蜕变物。”

正是在这种背景下，弗洛伊德的元心理学面临着命运攸关的文明辩证法，因为正是文明的进步导致了日益增长的破坏力量的释放。为了说明弗洛伊德个体心理学和文明理论的联系，必须在另一个层次即属系发生的层次上，对本能原动力作重新解释。

# 第三章　压抑性文明的起源（属系发生）

为了探究压抑的起源，就要重新回到出现在幼儿期的本能压抑的起源。超我继承了“奥狄帕斯情结”，而压抑性的性欲组织则主要是为了对付各种前生殖器的、反常的性欲表现。“诞生的创伤”释放了死亡本能的最初表现，即想回复到母胎的涅槃状态的冲动，同时也使紧接着出现的对这种冲动的控制成为必要。正是在儿童那里，现实原则彻底地、严格地完成了其使命。相比之下，成熟个体的行为不过是对童年经验和反应的重复。但这种在现实作用下受挫的童年经验是前个体的、属系的，因为同个体的各种变异一样，婴儿的持久依赖性、奥狄帕斯情结、前生殖器性欲，都属于人这个属。而且，神经症人格的超我的过度严格性，无意识的负罪感和无意识的惩罚需要似乎与个体实际的罪恶冲动都是不一致的。负罪感在成年期的持续和（我们将看到的）加强、过度压抑的性欲组织，都不能根据个体冲动依然有着十分严重的危险来作出恰当的解释。同样，用“个体本身已有的经验”也不能恰当地解释其对早年创伤的反应；这些反应已经与个体的经验不符，最好还是将它们看做是对遗传事件的反应。而且，一般说来，也只能用这样一种影响才能解释这些个体的反应。[①]因此，对人格的心理结构的分析被迫退行到早年幼儿期的背后，即从个体的史前史退行到属系的史前史。在奥托·兰克看来，人格中有一种“生物上的负罪感”在起作用，它代表着种的要求。“儿童在其生命之初从抚养他的人那里汲取的道德原则”，反映了“原始人的某些属系发生的回归”。[②]文明依然是由其古代传统决定的，并如弗洛伊德所断言的，这种传统包括的“不仅是前辈的气质，还有其观念内容和经验的记忆痕迹”。因此就个体本身仍然与他的种处于一种原始的同一性之中而言，个体心理学本身就是集体心理学。而这一古代传统“在个体心理学与集体心理学之间”架起了桥梁。[③]

这个观点对社会科学的内容和方法具有深远的意义。当心理学撕去了意识形态的面纱而要探索人格的构造时，它就把个体消解了，因为个体自主的人格不过是人类一般压抑的僵硬表

① 弗洛伊德：《摩西和一神教》（纽约，1949 年），第 157 页。
② 亚历山大：《完整人格的精神分析》（纽约，1929 年），第 7 页。
③ 弗洛伊德：《摩西和一神教》，第 158 页。

现而已。自我意识和理性，依照内部和外部压抑征服并塑造了历史性的世界。它们成了统治的代理人；它们所带来的大量自由是从奴役的土壤里生长起来的，并至今还保存着其出生的痕迹。这些就是弗洛伊德人格理论的破坏意义。心理学在把自我人格观念“消解”为其主要组成部分以后，实际上就把造就着个体的(基本上不为自我所意识的)亚个体和前个体因素暴露无遗了，因为它揭示了普遍的东西在个体之中对个体所具有的力量。

这一揭示突破了现代文化的一道最坚固的意识形态防线：自主个体观。在这一点上，弗洛伊德理论也属于这样一个伟大的批判行列：把僵化的社会学概念溶解在其历史的内容之中。他的心理学所关注的，不是生存在私人和公共环境中的具体而又完整的人格，因为这种生存不是揭示而是掩盖了人格的本质和本性。人格是漫长的历史过程的最终产物，这些过程在由构成社会的人和制度所构造的网络中凝结起来，并规定着人格及其关系。因此心理学要想如实地理解这种人格及其关系，就必须探究其隐蔽的起源，从而使其摆脱僵化状态。在此过程中，心理学发现，具有决定作用的童年经历同种的经历密切相关：个体经历着人类的普遍命运。过去决定着现在，因为人类还没有掌握自己的历史。对弗洛伊德来说，这种普遍的命运存在于本能内驱力之中，但这些内驱力本身也会发生历史的演变。最初是一种对以原始父亲为象征的统治的经验，即一种极端的奥狄帕斯状况。这种状况从来没有被完全克服，因为文明人格的成熟自我依然保存着人的古代传统。

假如根本不考虑自我的这种依赖性，那么弗洛伊德后期著作中更加强调成熟自我的自主性的观点就很可能被人误解，被当作抛弃精神分析的最先进思想的理由。这是文化和人际学派的一种倒退。弗洛伊德在他晚期发表的一篇论文[1]中提出，并非自我的所有变化都产生于“幼儿的防御性冲突”。他认为，“所有个体自我从一开始就具备了他自己特有的气质和倾向”，“在自我中存在着原始的先天变化”。但自我的这种新的自主性似乎转向了其反面，因为弗洛伊德非但根本没有放弃他关于自我本质上依赖前个体的、属系的群集的看法，反而更加突出了这些群集在自我发展中的作用。因为他是根据“我们的‘古代传统’”来解释自我的先天变化的，所以他认为：“甚至在自我生存之前，其以后的发展线索、倾向和反应就已被预定了。”[2]确实，在明确恢复自我时，弗洛伊德又强调了呈现于我们古代传统中的原始人类发展的积淀。他从自我的先天结构中得出下述结论：“自我和本我之间的心理图式差异对我们的研究已没有什么价值”，此时，他事实上把自我与本我同化了，而且这种同化使这两种心理力量之间的平衡也开始朝着

① 弗洛伊德：《有限的分析与无限的分析》，载《弗洛伊德论文集》（伦敦，1950年），第五卷，第343页。

② 同上书，第343—344页。着重点是引者加的。

有利于本我而不是有利于自我、有利于属系的过程而不是有利于个体的过程这一方向变化。①

弗洛伊德理论中最有争议的是关于古代传统永远存在的思想，即他根据原始部落通过弑父而走向文明的事实来重新构造人类的史前史。无疑，要想对这种思想作科学的证实，甚至要证明其逻辑上的一致，都存在明显的，甚至不可克服的困难。而且弗洛伊德的假说有效地批判的那些禁忌又使上述工作更为困难。弗洛伊德的假说并没有回到人由于对上帝犯下了罪孽而失去的天堂的形象，而是回到人对人的统治，而且这种统治是由完全世俗的父亲—暴君建立的，并由被统治者的屡遭失败或不彻底的反叛延续下来。“原罪”是对人犯的罪，而且它根本不是罪，因为它所反对的是本身有罪的人。这种属系发生的假说表明，成熟文明仍受古代的心理不成熟的制约。对史前冲动和行为的记忆继续萦绕于文明之中，因为被压抑物又重现了，而个体却仍因早已被控制的冲动和早已取消了的行为而受到惩罚。

如果弗洛伊德的假说得不到人类学方面的证明，要不是它在一系列灾难性事件中看到了统治的历史辩证法，从而说明了文明的某些至今尚未得到解释的方面，那就必须被全盘抛弃。

---

① 海因茨·哈特曼在论《自我和本我发展中的相互影响》一文中强调了属系发生方面：“由任何几十万年的进化过程导致的自我和本我的分化具有某种气质的形式，部分则采取了人的先天性格的形式。”但他也假定了“一种自我发展中原始的自主性”。见《对儿童的精神分析研究》(纽约，1952 年)，第七卷。

只是在这种意义上，只因为它的这种象征价值，我们才利用了弗洛伊德的人类学思想。这个假说所规定的古代事件也许永远不能得到人类学的证明；但这些事件的所谓后果乃是历史的事实。要是根据弗洛伊德的假说对这些事件作解释，那将会使它们具有一种被人忽略的，但能说明历史前景的意义。如果说这一假说蔑视常识，那么正是由于这种蔑视，它才提出了一种注定要被常识忽略的真理。

根据弗洛伊德的解释，最早的人类集体是由一个人对所有其他人的强行统治而建立并维持的。曾几何时，人这个属的生命受到过统治的组织。成功地统治着其他人的人就是父亲，他占有他所渴望的女人并与其生儿育女。这位父亲独占女人(最高的快乐)并使部落的其他成员都俯首帖耳。他成功地建立其统治的原因是否在于他能使其他所有人都得不到这种最高的快乐？不管怎么说，对整个集体来说，独占快乐也即对痛苦的分配不均："……儿子们的命运是艰难的。如果引起了父亲的嫉妒，就会被杀头、被阉割或被流放。他们被迫生活在一个小圈子里，并从别人那里抢夺女人，权充妻子。"[①]在原始部落中，一切必要工作都落在了儿子们的肩上。他们由于被剥夺了属于父亲专利的快乐，现在倒可以"自由地"把本能能量引向并不快乐但却是必需的活动上去。因此，父亲对满足本能需要的约

① 弗洛伊德：《摩西和一神教》，第128页。

束，对快乐的遏制，就不只是统治的结果，而且也是统治继续履行其功能的心理前提。

在原始部落这种组织中，理性和非理性、生物因素和社会因素、共同利益和特殊利益被不可分割地交织在一起。原始部落是一种具有临时功能的集体，它以某种秩序维持着自己。因此可以设想，建立这种秩序的家长制专制，就它确立并维系了这个集体、从而也维持了整体的存在和共同利益的再生产而言，确是“合理的”。原始父亲为文明以后的发展树立了榜样，并通过强行的节制和对快乐的强行限制提供了进步的基础，从而为将来遵纪守法的“劳动力”创造了最初的前提。而且，这种对快乐的等级划分由于能提供保护、安全甚至爱情而被证明是合理的：由于暴君就是父亲，他的臣民对他的憎恨必定从一开始就伴有一种生物情感，这是一种好恶相克的矛盾的情感，它表现为想替代和模仿父亲，自己充当父亲，分享父亲的快乐和权力。父亲是为其自身利益而建立统治的，但在此过程中，他的年龄、他的生物功能，特别是他的成功又证明他是合理的，因为他创造了集体赖以生存的“秩序”。正是原始父亲的这种作用预示了以后出现的、支配着文明进步的、盛气凌人的父亲形象。原始父亲凭其本身及其功能体现了现实原则的内在逻辑和必然性。他具有“历史性的权利”。①

① 弗洛伊德：《摩西和一神教》，第 135 页。

在原始父亲消失以后，部落的再生产秩序却继续存在：

……在原始部落里，某个儿子可能会成功地取得类似父亲的地位。有利的形势是自然发生的，因为最小的儿子由于深得母亲宠爱而受到保护。正是他，由于父亲年迈体弱而占了便宜。待他父亲一命呜呼后，他便取而代之。①

于是，原始的家长制专制便变成了“有效的”秩序。但是，部落附属组织的有效性，无疑是始终不稳定的，因而家长制的压制而导致的仇恨也一定始终是非常强烈的。在弗洛伊德看来，在被流放的儿子们的反抗中，在集体屠杀和吞噬父亲的行为中，在兄弟宗族的建立中，这种仇恨发展到了登峰造极的地步。这些新建立的兄弟宗族转而又去神化这位被谋杀了的父亲，并引进一些在弗洛伊德看来构成社会道德的清规戒律。弗洛伊德的原始部落史假说认为，兄弟们反抗的是父亲对部落妇女施加的禁忌。因此这里还未出现对快乐作不平等分配的“社会”的抗议。所以，严格地说，文明只是在兄弟宗族中开始的。在兄弟宗族中，由这时已处于统治地位的兄弟们自我施加的禁忌之所以会做出压抑性的事情，乃是为了保存整个集体的共同利益。使兄弟宗族从原始部落中脱胎出来的决定性的心理

① 弗洛伊德：《摩西和一神教》，第128页。

学事件，就是负罪感的产生。负罪感乃是脱离原始部落进入文明的前提。它使一些主要的戒律、压制心力内投于个体之中，从而维持了这些东西，并延续了作为文明基础的满足。

> 可以合理地揣测，在弑父之后兄弟们彼此之间将为继承权而争吵不休，每一个人都想独揽这权力。但随后他们将明白，这样的争吵既危险又无益。这种来之不易的理解，连同对他们共同取得的解放成就的记忆以及在流放期间相互之间培养起来的感情，使他们最终还是联合起来，订立了某种社会契约。于是便出现了最早的、由克制本能的满足而产生的社会组织形式，他们开始承认对彼此应有的义务，建立了所谓神圣不可侵犯的社会机构。总之，道德和法律由此发端。①

对父亲的反叛也就是对在生物学上得到合理证明的权威的反叛。杀害了父亲也就破坏了保存着集体生命的秩序，反抗者对整个集体因而也对他们自己犯下了罪。他们无论是在别人还是在自己面前，都是有罪的。因此他们必将悔之莫及。杀害父亲是莫大的罪孽，因为正是父亲创造了繁殖性欲的秩序，因而他本身也就是创造并保存着所有个体的属。一体化了的家长、

① 弗洛伊德：《摩西和一神教》，第 129 页。

父亲和暴君把性欲和秩序、快乐和现实统一了起来；他唤起了爱和恨；他奠定了人类历史的生物基础和社会基础。要是消灭了他，也就消灭了长期的集体生活本身，也就恢复了快乐原则的前历史的和潜历史的破坏力量。但儿子们也有着与其父亲同样的愿望，也希望能持久地满足自己的需要。他们只有以一种新的形式重复曾经控制着快乐、从而保存了集体的统治秩序，才能实现自己的愿望。当新的父亲确保了那些为保存其统治、保存其集体组织所必不可少的对快乐的压抑时，父亲便作为一个神存留下来。在对他的顶礼膜拜中，犯罪者在作忏悔，这是为了能够继续犯罪。由一个人的统治发展为几个人的统治，这与“社会蕃衍”的快乐有关，并在统治集体本身中造成了自我施加的压抑，因为这个集体的**所有**成员如果想维持其统治，就必须服从禁忌。现在，压抑已弥漫于压迫者自身的生活之中。他们的部分本能能量开始在“工作”中得到升华。

与此同时，对本宗族妇女的禁忌导致了向其他部落的扩张，甚至火并这些部落；有组织的性欲使一个较大的单位得以形成。弗洛伊德认为这就是爱欲在文明中的作用。妇女具有了越来越重要的地位。“由父亲之死而空缺的一大部分权力移到了妇女这一边，于是母权制时代便接踵而至。”[①]根据弗洛伊德的假说，在向文明发展的先后秩序中，原始的父权制专制必

① 弗洛伊德：《摩西和一神教》，第129—130页。

定先于母权制阶段，因为传统上与母权制相连的低度压抑性统治和某种性自由在弗洛伊德看来乃是推翻父权制专制的结果，而不是原始的“自然”状态。在文明的发展过程中，自由只有作为解放才是可能的。而解放随统治而来，同时又导致对统治的重新肯定。母权制被一种父权制的反革命所代替，而后者又由于宗教的体制化而得到了巩固。

> 在此期间，发生了一场巨大的社会革命。随着母权制而出现的是父权制的复辟。确实，这些新的父亲从未继承原始父亲的那种全能特质。他们人数太多，而且生活在比原始部落大得多的集体中。他们不得不相依为命，并接受社会机构的约束。①

男性诸神一开始是作为伟大的母神身旁的儿子而出现的，但他们逐渐地具有了父亲的特征；多神论让位于一神论，接着，“一个惟一的、权力无限的父神便又重现了”。②崇高的或升华了的原有统治成了永恒的、无限的和善良的统治。这样便保护了文明的进程。原始父亲的“历史权利”得到了恢复。③

根据弗洛伊德的假说，兄弟宗族及后来由其巩固而成的最

---

① 弗洛伊德：《摩西和一神教》，第 131—132 页。
② 同上。
③ 同上书，第 135—136 页。

初的社会固有一种负罪感，这主要是由于犯了弑父这个弥天大罪而产生的。他们对这个罪孽的后果忧心忡忡。但这种后果是双重的，因为它们有可能推翻一直保护着(虽然是以恐怖形式进行)某集体的权威，从而破坏该集体的生活；而同时，这种权威的推翻又预示了一个没有父亲、因而没有遏制和统治的社会。难道不能假定，负罪感反映了这种双重的结构及其矛盾性吗？弑父者的反叛行为只是为了制止第一个后果，即威胁，因为他们用许多父亲替代单个父亲，然后把这单个父亲神化和内在化，从而确立了统治。但这一来，他们就违背了自己在采取行动时所许下的关于自由的诺言。暴君—家长已经成功地把他的现实原则灌输到了反叛的儿子们心中。儿子们的反叛只是在短时间内砸断了统治的铁链；不久，新的自由又被遏制下去了。但这次是被他们自己的权威和行动遏制的。他们的负罪感难道肯定不包括背叛和否定他们自己的行为这种罪恶吗？假如我们把弗洛伊德关于属系发生的假说与其本能原动力概念加以对照的话，就必然要提出这样的问题。一旦现实原则即使以最原始、最残酷的强迫形式站稳脚跟，那么快乐原则就成了某种使人惊恐万状的东西。要求自由满足的冲动遇上了忧虑，而这种忧虑又要求防范这些冲动。个体不得不抵御完全摆脱痛苦和欲望的幽灵，抵御完整的满足。代表这种完整满足的，是作为母亲的女人，因为她曾绝无仅有地提供过一次这样的满足。这些就是使解放和统治不断循环往复的本能因素。

> 妇女，由于她们具备的性的力量，对共同体来说是危险的。这种共同体的社会结构的基础是对父亲的害怕。人们杀死君王，并不是为了使自己获得自由，而是为了给自己套上一副更沉重的锁链，这副锁链将更有效地使他们不为母亲所吸引。①

父王被弑，不仅是因为他施加了令人不堪忍受的限制，而且是因为这种由个人施加的限制还不足于"阻止乱伦"，不足于对付那种想回归到母亲身边的愿望。②所以，解放所带来的只是"更有效"的统治：

> 因此，从父权统治向由男人管理的日益强化的国家制度的发展，是那种原始压抑的继续，其目标是更广泛地与妇女隔绝。③

推翻父王是一种犯罪，但恢复父王同样也是一种犯罪。而这二者对文明的发展却又都是必不可少的。对快乐原则的罪恶赎回了对现实原则的罪恶；因此赎罪也就被自我取消了。尽管赎罪在重复、在加强，负罪感却依然存在：忧虑继续存在着，

① 奥托·兰克：《诞生的创伤》（纽约，1929年），第93页。
② 同上书，第92页。
③ 同上书，第94页。

因为对快乐原则的罪恶并没有被赎回。对尚未完成的事情即解放也存在着一种罪恶。弗洛伊德的有些解释似乎表明，负罪感乃是“未遂的攻击后果”；而且

> ……一个人是否弑父，实际上并不重要。在这两种情况下，人们都会感到有罪，因为有罪表现了矛盾心理的冲突，表现了爱欲与破坏本能或死亡本能之间的永恒斗争。[①]

弗洛伊德早就谈到过一种预存的负罪感，它似乎“潜存于”个体之中，准备并等待着“接受”对该个体的指控。[②]这个看法与“浮动的忧虑”观念似乎是一致的。“浮动的忧虑”甚至在个体无意识背后也存在着隐蔽的基础。

弗洛伊德假定，原罪及与之相联系的负罪感，在整个历史中是以不同的形式蕃衍的。在上代人与下代人的冲突中，在对现存权威的反抗和反叛中以及在随后的忏悔中，即在随后对权威的恢复和称颂中，这种罪恶又屡屡重犯。在解释这种奇怪的永恒重现的现象时，弗洛伊德提出了被压抑物的回归的假说，并用宗教心理学加以例证。弗洛伊德认为，他在以杀害摩西为

① 弗洛伊德：《文明及其不满》(伦敦，1949年)，第128、121页。
② 弗洛伊德：《精神分析和法院真理的确定》，载《弗洛伊德论文集》，第二卷，第23页。

开端的犹太教史中发现了弑父、父亲的“回归”和赎罪的线索。在他对反犹太主义的解释中，这个假说的具体意义就更清楚了。他确信，反犹太主义有深刻的无意识根据，这就是对犹太人要求成为圣父上帝之宠爱长子的嫉妒，对有阉割威胁的割礼的恐惧以及（也许最重要的）对“只是最近”才强加于许多现代人的新宗教（基督教）的憎恨。而这种憎恨又被投射到基督教产生的源泉即犹太教上。[①]

如果我们超越弗洛伊德而继续遵循这一思路，把它与负罪感的双重起源联系起来，那么基督的生死就表现为反对父亲的斗争，表现为对父亲的征服。[②]圣子的神示带来了解放，即由神爱（爱欲）推翻法律（统治）的信息。这与把耶稣作为活着的救世主，即降临人世拯救人类的弥赛亚的异教徒形象是一致的。于是接着发生的弥赛亚的变体、圣父身边的圣子的神化，都是其自己的信徒对他的神示的背叛，对解放本身的否弃，对救世主的报复。这样，基督教便重新使神爱—爱欲的福音让位于法律；父亲的统治也得到了恢复和加强。在弗洛伊德看来，原罪本可按照圣子的神示，在人世的和平和爱的秩序中得到抵赎。但它事实上没有这样；它为另一种罪恶即对圣子的罪恶取而代之了。随着圣子的变体，他的福音也变体了，他的神化使他的

① 弗洛伊德：《摩西和一神教》，第 144 页以下。
② 埃里希 · 弗罗姆：《基督学说的发展》（维也纳，1931 年）。

神示也在这一世界上消失了。而苦难和压抑则被延续下来了。

这种解释使弗洛伊德的一个说法具有新的意义，他认为，基督教徒受到了不良的洗礼，“在基督教这层薄薄的面纱后面，保持了他们祖先的样子，基督教徒仍然是野蛮的多神论者”。[①]说他们受到了“不良的洗礼”是因为，他们只是接受和服从高度升华的解放福音，这种福音使现实仍一如既往地不自由。在基督教的体制化过程中，（弗洛伊德意义上的）压抑所起的作用微乎其微。对原有内容的改变、对原有目标的偏离，都是在光天化日之下有意识地发生的，并伴之以公开的论证和辩护。体制化的基督教对异教徒的武装斗争同样也是公开地进行的。这些异教徒企图，或者声称企图拯救未升华的内容和未升华的目标。虽然反对蔓延于基督教世界的基督教革命的流血战争有着很合理的动机，但是，残酷而有组织地屠杀卡塔尔派、阿尔比派和再洗礼派以及高举十字军旗帜的奴隶、农民和穷人，火烧巫婆及其保护人等，所有这些对弱者的虐待狂式的根绝都表明，无意识的本能力量冲破了一切理性和理性化。刽子手及其同伙在同一个他们既寄予希望又不得不拒绝的解放的幽灵作斗争。在杀害那些其行为会使人想起对圣子所犯罪恶的人时，这种罪恶早就被抛至脑后了。经过了几个世纪的进步和驯化，工业文明的力量和进步才控制住了这种被压抑物的回归。

---

① 弗洛伊德：《摩西和一神教》，第 145 页。

但最近，在被压抑物的另一个回归中，这种文明的合理性似乎被瓦解了。越来越现实的解放的形象在全世界范围内都受到了阻挠。集中营和劳改营，对不屈服者的拷打和折磨，激起了一片仇恨和反响，它们象征着一场反对被压抑物回归的总动员。

假如宗教的发展包含了统治形象和解放形象的基本矛盾，那就必须重新估价弗洛伊德在《一种幻觉的未来》一书中的主题。弗洛伊德在这部著作中强调了宗教在把能量不用于真正改善人类条件，而用于一个想象的、永恒得救的世界的历史过程中的作用。他认为，这种幻觉的消失将大大地加快人类的物质进步和思想进步。他称赞科学和科学理性是最具有解放力量的宗教的大敌。在这部著作中，也许可说弗洛伊德与伟大的启蒙运动传统最为接近。但也正是这部著作最清楚地表明，他屈从于启蒙运动的辩证法。在文明的现阶段，要恢复理性主义的进步思想，就必须对它们加以改造。科学和宗教的功能以及它们的相互关系都已发生了变化。在作为这个阶段标志的人和自然的总动员中，科学成了对它曾许诺的摆脱恐怖的自由的最具有破坏性的工具之一。随着这种许诺化成泡影，“科学”差不多就等于对人间天堂观念的谴责。科学态度早已不再是宗教的劲敌了，而宗教也有效地抛弃了它的破坏性成分，并常使人在遇到痛苦和罪恶时以良心自慰。在文化的氛围中，科学和宗教的功能将得到互补。它们现在所起的作用，使它们曾给人带来的那种希望成为泡影，并教人赞赏异化世界中的种种事实。在这一意义上，宗教已不再是一种幻觉，它在学术上的发展同占统治地位的实证主义倾向并行不悖。[①]只要宗教仍然保持对和平与幸福的坚定期望，它的“幻觉”就仍然要比致力于消除这种幻觉的科学具有更多的真理价值。受压抑、变形了的宗教内容是不能通过服从科学态度而得到解放的。

弗洛伊德把在分析个体神经症病史时阐发的被压抑物的回归的思想运用到一般的人类史上。[②]从个体心理学向集体心理学迈出的这一步引出了一个最有争议的问题：怎样才能理解被压抑物的历史回归？

> 经过千百个世纪的漫长历程，人类肯定忘记了曾经有过一个原始的父亲……忘记了他所交上的命运……因而，从什么意义上说，还能对传统产生疑问呢？[③]

弗洛伊德的回答是假定，“在无意识的记忆痕迹中存在着一种对过去的印象”。这个回答遭到了广泛的拒斥。但是，如果使这个假定面对那些能唤起每一代人的记忆的具体而又确实的因

---

① 马克斯·霍克海默尔：《对形而上学的最新反驳》，载《社会研究杂志》，第六卷(1937年)，第4页以下。

② 弗洛伊德：《压抑》，载《弗洛伊德论文集》，第四卷，第93页。

③ 弗洛伊德：《摩西和一神教》，第148页。

素，那么它的大多数空想成分就被消除了。在列举使被压抑物进入意识的诸条件时，弗洛伊德提到了“依附于被压抑物”的本能的加强，以及那些“与被压抑物极其相似因而能唤起被压抑物”的经验和事件。[①]他以“青春期过程”作为本能加强的例子。在成熟的生殖器性欲的作用下，

> ……在所有人的幻想中都会重现婴儿的倾向，其中最有规则、最为重要的是儿童对父母的性感情。人们通常把这种性感情与性吸引，即儿子对母亲，女儿对父亲的吸引区分开来。在克服和拒斥这些明显的乱伦幻想的同时，也就出现了青春期的一项最重要，同时又是最痛苦的精神成就；这就是摆脱了父母亲的权威。只是由于这一步，才形成了上代人与下代人之间的对立。因此，这一步对文化的进步极为重要。[②]

即使不特别加强依附于被压抑物的本能，在人们日常所见的、其本性是既蓄衍统治又产生推翻统治的冲动的机构和意识形态（家庭、学校、工场及办公室、国家、法律、官方哲学和道德）

---

① 弗洛伊德：《摩西和一神教》，第 150 页。
② 弗洛伊德：《性学三论》，载《西格蒙特·弗洛伊德基本著作》（纽约，1938 年），第 617—618 页。另见安娜·弗洛伊德：《自我和保卫机制》（伦敦，1937 年），第十一、十二章。

中，人们还是会以社会的规模遇到那些能唤醒被压抑物的事件和经验。原始状况与其在文明史上的回归之间的重要差别当然在于，在后一种情况下，统治者-父亲通常不再遭杀害、被吞噬，而且统治也不再是个人的统治。自我、超我和外部现实各尽其职。但是，只要冲突的功能和后果不变，那么"一个人是否弑父"实际上就无关大局。

在奥狄帕斯情结中，这种原始状况在一定环境下频频重现。这些环境从一开始就确保父亲的持久胜利，但它也保证儿子的生命及其在将来接替父亲的能力。文明是怎样取得这种妥协的呢？导致这种妥协的众多的肉体的、精神的和社会的过程实际上是与弗洛伊德心理学所揭示的东西完全相符的。力量、自居作用、压抑和升华互相合作，形成了自我和超我。父亲的功能逐渐从其个人方面移至其社会方面，转向他在儿子心中的形象(良心)、转向上帝、转向那些教导他的儿子成为社会上安分守己的成员的各种机构及其代理人。如果其他情况相同，那么这个过程所实行的限制和克制的程度可能并不亚于其在原始部落中的情形。但是它们较合理地分布在父子之间，分布在整个社会之中；而所得到的补偿，虽然不大于从前，但却相当可靠。一夫一妻制家庭，以及它要求父亲履行的义务，约束了他对快乐的垄断；私有财产的继承制，劳动的普遍化，允许儿子对自己被认可的快乐，产生了一个相对于其有利于社会的工作而言是合情合理的期望。正是在这个客观的法律和机构的框架内，青春期过程导致了一个必要而又合法的事件，即摆脱父亲。当然它也未能幸免于精神上的灾难，不过也仅此而已。于是，儿子离开了父权制家庭，自己开始成为一个父亲，当起一家之主来。

快乐原则向操作原则的转变，把父亲的专制垄断改变成有限的教育和经济权威，同时也改变了斗争的原有目标即母亲。在原始部落中，被人追求的妇女，即父亲的情人-妻子的形象，是爱欲和死亡本能的直接的、自然的统一体。她是性本能的目标，是使儿子享受到完整安宁的母亲，这种完整的安宁没有需要和欲望，是一种出生前的涅槃状态。或许禁忌乱伦是对死亡本能的第一次大防范，因为它禁忌的是那种涅槃状态，那种对有碍进步、有碍生命本身的安宁的倒退冲动。随着母亲与妻子的分离，爱欲与死亡本能之间命定的同一性也告消失。对母亲的性欲转变成为目标受抑的爱慕(温柔)，于是性欲与爱慕也被分离了。只是在后来，在对妻子的既是肉体的又是温柔的，既是目标受抑的又是目标实现的爱情中，这二者才再次结合起来。[①]温柔来自节制，而且首先是由原始父亲实行的节制。它一旦出现，就成为不仅是建立家庭而且也是建立持久的集体关系的精神基础：

① 弗洛伊德：《性学三论》，见《西格蒙特·弗洛伊德基本著作》，第599、615页；《集体心理学和自我的分析》(纽约，1949年)，第117—118页；《文明及其不满》，第71页。

> 原始父亲不容许儿子们满足他们直接的性癖好；他强迫他们节制，强迫他们同他以及他们彼此之间建立感情的联系。这些感情的联系可能产生于他们在追求性目标时受到抑制的癖好。可以说，是父亲迫使他们进入集体心理状态的。[①]

在这个文明阶段，在一系列有所回报的抑制范围内，即使不破坏本能秩序和社会秩序，也能征服父亲。现在，父亲的形象和功能在每一个孩子身上保存了下来，即使他自己还不认识父亲。父亲与合理地构成的权威融为一体。统治已远远超出了个人关系的范围，它创造了更大规模地、有秩序地满足人类需要的机构。但正是这些机构的发展，损害了文明的现有基础。在后期工业时代，这种基础的内在局限性便暴露无遗了。

① 弗洛伊德：《集体心理学和自我的分析》，第 94 页。

# 第四章　文明的辩证法

弗洛伊德认为，负罪感在文明的发展中具有决定性的作用；而且，他认为文明的进步和负罪感的增强有关。他说他的意图是“要把负罪感作为文化发展中最重要的问题，并要表明，文明进步所付出的代价就是由负罪感的增强而导致的幸福的丧失”。[①]弗洛伊德屡屡强调，随着文明的进步，负罪感将得到“进一步加强”、“强化”，而且将“不断地增强”。[②]他援引的论据是双重的。一方面，他是从本能理论中分析得出这个论据的，而另一方面，他又发现，这个理论分析还得到了当代文明中的严重弊端和不满的证实。表示这些弊端和不满的例子有：一系列的战争、司空见惯的迫害、反犹太主义、种族灭绝、偏执狂以及随财富和知识的增长而加剧的“幻觉”、苦役、疾病和痛苦。

我们曾简略地回顾了负罪感的史前史。它“发轫于‘奥狄帕斯情结’，是在兄弟们联合弑父时产生的”。[③]兄弟们满足了自己的攻击本能，但他们对父亲的爱又使他们悔恨不已，并通过自居作用创造了超我，从而也建立了“某些约束，以防止此类行为的重演”。[④]于是，人们就不再犯此类行为了；但那种针对父亲及其继承者的攻击却还是一代一代地传了下来，因而也必然一代一代地受到重新抑制：

> 每一次克制都成了良心的一种动态源泉，而满足的每一次新的被抛弃都使良心变得更加严厉和偏执……我们未予满足的每一个攻击冲动都被超我接受下来，从而进一步增强了它(对自我)的攻击性。[⑤]

超我把愿望当作行为，因而甚至对受到了压制的攻击也需加以惩罚，这种过分的严厉，现在可以根据爱欲和死亡本能之间的永恒斗争来解释了：对父亲(及其社会继承者)的攻击性冲动源于死亡本能；而在使婴儿与母体“分离”时，父亲也抑制了死亡本能，即抑制了涅槃冲动。因此，父亲也从事着爱欲的工

---

① 弗洛伊德：《文明及其不满》(伦敦，1949 年)，第 123 页。
② 同上书，第 120—122 页。
③ 同上书，第 118 页。
④ 同上书，第 120 页。
⑤ 同上书，第 114 页。

作；而爱也有助于超我的形成。严厉的父亲，作为爱欲的可怕的代表，征服了奥狄帕斯冲突中的死亡本能，并确立了最早的“公有”（社会）关系，因为他的禁令导致了儿子们的自居作用、目标受抑的爱情（爱慕）、异族通婚和升华等结果。在自我克制基础上，爱欲开始了其文化工作，把生命结合进较大的单位。而且，就在社会当局补充、替代父亲，并使父亲的数目倍增的时候，攻击性冲动及其目标，同所颁布的禁令和禁条一样，也都广泛地蔓延开来了。与此同时，社会也进一步需要加强防卫，即需要增强负罪感：

> 由于文化受制于内在的爱欲冲动，而这种爱欲冲动又要求文化把人类组织成一个紧密结合的团体，文化就必须留心使负罪感不断地得到增强，惟有这样，它才能如愿以偿。开始与父亲有关的东西结果与共同体发生了关系。如果文明是从家庭集体向整个人类集体发展过程中的一个必不可免的阶段，那么由固有的矛盾心理冲突、爱情倾向和死亡倾向之间的永恒斗争而导致的负罪感的强化，也就不可避免地与文化相依为命，直至这种负罪感增强到了个体难于支持的地步。[①]

在这种对负罪感增强的量的分析中，罪的质变及其日益增

① 弗洛伊德：《文明及其不满》，第121、122页。

强的不合理性，似乎都消失不见了。确实，弗洛伊德采取的基本上是一种社会学立场，这使他不可能走这条路。在他看来，通行的合理性就是最高的合理性。假如负罪感的不合理性就是文明本身的不合理性，那么这种不合理性也就是合理的了；假如推翻统治就得摧毁文化本身，那么推翻统治便是弥天大罪，因而防止统治被推翻的任何手段都是合理的。但是，弗洛伊德自己的本能理论却不能使他就此却步，他要进一步表明，负罪感这种原动力是完全不幸的、无效的。必须加强对攻击的防御；但为了使这种对日益扩大的攻击进行卓有成效的防御，就必须加强性本能，因为惟有强大的爱欲才能有效地“约束”破坏本能。但这恰恰是发达文明所无法做到的，因为文明的存在正是依赖于对爱欲的广泛的、强化的管制和控制。它不可能突破对本能目标的抑制和转移。“一般地说，我们的文明是以本能的遏制为基础的。”①

文明首先就是工作的进步，即为获取和增加生活必需品的工作的进步。这种工作本身通常不能带来满足；在弗洛伊德看来，它是不愉快的、痛苦的。弗洛伊德的元心理学根本不考虑什么原初的“做工本能”、“控制本能”之类的东西。②弗洛伊

① 弗洛伊德：《“文明的”性道德和现代神经质》，载《弗洛伊德论文集》，第二卷，第 82 页。

② 艾夫斯·亨德里克：《工作和快乐原则》，载《精神分析季刊》，第十二卷，(1943 年)，第 314 页。对该文的进一步讨论，可参见本书第十章。

德认为，在快乐原则和涅槃原则统治下，本能具有保守性，这个看法使他完全不可能假定有上述那类本能。当弗洛伊德偶尔提到“人对工作的自然厌恶”①时，他只是在根据他的基本假设进行推论。“不幸和工作”这一本能综合征在弗洛伊德著作中随处可见。②他对普罗米修斯神话的解释也集中在性热情的束缚与文明工作的关系问题上。③文明中的基本工作是非力比多的、是劳动；而劳动是件不快的事情。因此人必须做的是件不快的事情。“如果通过运用性能量，人就可以得到完全令人满意的快乐，那么又是什么动机使人们将其移作他用呢？因为人决不会放弃这种快乐。除此之外，他无所他就。”④假如没有什么原初的“工作本能”，那么从事(不愉快的)工作所必需的能量就必定来自主要本能，即来自性本能和破坏本能。由于文明主要是爱欲的工作，它首先就是力比多的完全撤退：文化“从性欲中获得了它所需的大部分心理能量”。⑤

但目标受抑的性欲不只提供工作冲动。那些特殊的“社会本能”(如“父母与子女之间的柔情、朋友之间的友谊以及夫妇

① 弗洛伊德：《文明及其不满》，第34页注。

② 在1896年4月19日的一封信中，他谈到了“为强化工作所必要的温和痛苦”。参见欧内斯特·琼斯：《西格蒙特·弗洛伊德的生平和著作》(纽约，1953年)第一卷，第305页。

③ 弗洛伊德：《文明及其不满》，第50—51页；载《弗洛伊德论文集》，第五卷，第288页以后。

④ 弗洛伊德：《爱欲生活中最流行的退化形式》，载《弗洛伊德论文集》，第四卷，第216页。

⑤ 弗洛伊德：《文明及其不满》，第74页。

之间的恩爱”）也是由那些“受到内在阻力抵抗”而不能达到其目的的冲动构成的；[①]这些冲动只有通过这样的克制才能成为社会的冲动。每个个体都在进行这样的克制（开始是受外部强制，后来则是出于自愿），而且文明所具备的大量的共同的物质财富和思想财富就是“从这些源泉中积累起来的”。[②]虽然弗洛伊德认为“不一定要把这些社会本能看做是得到了升华”（因为它们还没有抛弃其性欲目标，而只是甘愿“某种近似的满足”），但他还是觉得它们已“很接近于”升华。[③]于是文明的主要领域都表现为得到升华的领域。而升华又意味着非性欲化。即便升华所依靠的乃是在自我和本我中储藏的“中性的可替换的能量”，这种中性的能量还是“来自力比多的自恋储藏”，也就是说，它是一种非性欲化了的爱欲。[④]升华过程改变了本能结构中的平衡。生命是爱欲与死亡本能的融合，在此融合中，爱欲占据了支配的地位。但是

> 在升华以后，性欲成分不能再束缚先前与之结合在一起的破坏成分了，于是这些破坏成分便将以破坏倾向和攻

① 弗洛伊德：《力比多理论》，载《弗洛伊德论文集》，第五卷，第134页。

② 弗洛伊德：《“文明的”性道德和现代神经质》，载《弗洛伊德论文集》，第二卷，第82页。

③ 弗洛伊德：《力比多理论》，载《弗洛伊德论文集》，第五卷，第134页。

④ 弗洛伊德：《自我与本我》（伦敦，1950年），第38页，第61—63页。参见爱德华·格洛弗：《升华、替换和社会焦虑》，载《国际精神分析杂志》，第十二卷，第3期（1931年），第264页。

击倾向的形式释放出来。[①]

文化要求不断地升华，从而削弱了爱欲这个文化的建设者。由于爱欲的削弱而导致的非性欲化解放了破坏性冲动。因此文明又受到了本能分化的威胁。在本能的分化中，死亡本能力图压倒生命本能。克制产生了文明，克制的加强又发展了文明。这样的文明势将导致自我毁灭。

这个论证太平稳以致有点失真了。确有不少人对它持有异议。首先，并非所有工作都会导致非性欲化、都是不快的、都是克制性的。其次，文化推行的种种抑制也(甚至可能是主要地)影响来自死亡本能的攻击性和破坏性冲动。至少在这一方面，文化的抑制会加强爱欲的力量。而且文明中的工作本身多半就是对攻击性冲动的社会利用，因此是有助于爱欲的工作。要想恰当地讨论这些问题，本能理论就不能只定向于操作原则，而必须考察(由操作原则的成就本身暗示着的)非压抑性文明形象的实质。本书的最后部分将做这样的工作，而在此只需作一些暂时的说明就够了。

工作的精神源泉及其与升华的关系在精神分析理论中完全被忽视了。在这方面，精神分析理论最一以贯之地迷信“生产

① 弗洛伊德：《自我与本我》，第80页。

力”的官方意识形态。[1]因此难怪新弗洛伊德主义高唱“工作道德”的赞歌(我们将在本书附录中指出)，因为在他们那里，精神分析的意识形态倾向压倒了精神分析理论。那些“正统的”讨论几乎全部集中在所谓“创造性的”工作上，特别是集中在艺术上，而必然王国中的工作即劳动则仅被作为陪衬。

确实，有一种工作能提供高度的力比多满足，从事这种工作是令人愉快的。艺术工作是真正的工作，它似乎产生于一种非压抑性的本能丛，并且有一种非压抑性的目标。因而如果把升华这个词用于此类工作，其意义就必须有重大改变。但作为文明基础的大部分工作则完全是另一种工作。弗洛伊德注意到，“如能自由选择谋生的日常工作，也就能获得一种特殊的满足”。[2]但是，如果“自由选择”不是指仅在回旋余地极小的预定必然性中的挑选，如果工作的倾向和冲动不是由压抑性的现实原则预先形成的，那么，日常工作中的满足仍是少数人的特权。创造和扩大文明的物质基础的工作主要是劳动，是一种异化劳动，是痛苦的和可怕的异化劳动，而且现在还是这样一种状况。从事这种工作，几乎不能满足个体的需要和倾向。它是由残忍的必然性和无情的力量强加于人的；如果异化劳动与爱欲之间有任何联系，那么这种联系必然是非常间接的，而且

---

① 上引的艾夫斯·亨德里克的文章就是一个明显的例子。

② 弗洛伊德：《文明及其不满》，第 34 页注。

必然是一种与大大升华了的，因而也是大大削弱了的爱欲的联系。

但是，难道文明在工作中对攻击本能的抑制不能与对爱欲的削弱相抵消吗？攻击冲动和力比多冲动都被假定在工作中“通过升华”得到了满足。而工作所具有的对文化有利的性虐待狂特征也常常得到了强调。①技能和技术的合理性的发展在很大程度上同化了“变态的”破坏本能。

> 破坏本能在被缓解、治理（仿佛目标受到抑制）和被引向其对象时，被迫给自我带来了它所需要的满足和统治自然的力量。②

技能为进步奠定了基础，技术的合理性则为生产性的操作确立了精神的、行为主义的模式，而“统治自然的力量”实际上已无异于文明了。那么，在这些活动中得到升华的破坏性是否被有效地征服和转移从而能确保爱欲的工作了呢？似乎对社会有用的破坏性得到升华的程度不如同样对社会有用的力比多得到升华的程度。确实，把破坏性从自我转向外部世界，可以确保文明的发展。但是破坏性依然是一种破坏性，尽管已向外转移

---

① 阿尔弗雷德·温特施泰因：《工作心理学》，载《影象》，第十八卷（1932年），第141页。

② 弗洛伊德：《文明及其不满》，第101页。

了，因此它的对象，在大多数场合下都受到了真正的、剧烈的攻击，并因此而变得面目全非。而且它只能在遭到部分破坏以后，才得以重建。这些对象的单位被强行分割，被割裂的各部分又被强行重组。自然遭到了真正的“侵犯”。只是在若干类得到升华的攻击中(如在外科手术中)，这种“侵犯”才直接地加强了其对象的生命力。在文明中，无论就广度还是深度而言，破坏性似乎都要比力比多得到更直接的满足。

但是，尽管破坏性冲动得到了满足，这种满足还不能稳定这些冲动的能量，使其为爱欲服务。这些破坏力量必然驱使这些冲动不甘受奴役和升华，因为它们的目标不是物质、不是自然、不是任何物体，而是生命本身。假如这些破坏性冲动源于死亡本能，它们就不可能把任何“其他事物”作为其最佳目标。因此，通过对技术的建设性破坏，通过对自然的建设性侵犯，这种本能的活动仍有可能毁灭生命。弗洛伊德在其《超越快乐原则》一书中提出了一个至今仍然成立的激进假设。他说，自我保存本能、自我突出本能和支配本能，就其吸收了这种破坏性而言，也具有确保有机体“自己的死亡之路”的功能。虽然弗洛伊德刚提出这个假说随即便将它收回了，他在《文明及其不满》中所作的阐述却似乎又恢复了这一假说的实质内容。对(人和动物的)生命的破坏随文明的发展而发展，而对人的残忍、仇恨和科学的灭绝也随消除压迫的真实可能性的增加而增加。后期工业文明的这一特征具有使破坏性超出一切合理性而延续下去的本能基础。因此，对自然的与日俱增的支配，同与日俱增的劳动生产率一起，只是作为一种副产品，才发展并满足了人类的需要，因为与日俱增的文化财富和知识又提供了进一步破坏的手段，并加强了本能压抑的需要。

这个论点意味着有一个客观标准，可以衡量在文明的某特定阶段本能压抑的程度。但压抑基本上是无意识的、自动的，而其程度却只能借助意识来衡量。区分在属系发生上是必然的压抑还是额外压抑或许可以提供这种标准。在被压抑人格的总结构内，额外压抑是为特定的统治利益而维持的特定社会条件的结果。这种额外压抑的程度就是衡量的标准；这种程度越低，这个阶段的文明就越少压抑性。必然压抑和额外压抑的区分与人类苦难的生物学根源和历史根源的区分是等价的。弗洛伊德列举了“人类苦难的三大根源”，即“超然的自然力量；我们的肉体具有的腐烂倾向；以及我们用以调整家庭、群体和国家中人际关系的方法的不恰当”。[①]在这三个根源中，至少第一和第三个是严格的历史根源。在文明发展过程中，自然的超然性和社会关系组织发生了根本的变化。因此，压抑的必然性及由此而来的受苦的必然性，与文明的成熟、与所获得的对自然和社会的理性支配的程度发生同步的变化。从客观上说，本能抑制和本能限制的需要取决于苦役和延迟满足的需要。在

① 弗洛伊德：《文明及其不满》，第 43 页。

物质和精神的进步大大减少了克制和苦役需要的时候，在文明实际上有可能大规模地释放那些用于统治和苦役的本能能量的时候，规模同等甚至更少的本能管制在成熟的文明阶段却可以导致更高度的压抑。只有联系历史上自由可能达到的程度，谈论本能压抑的范围和强度才有意义。那么，对弗洛伊德来说，文明的进步是否就是自由的进步呢?

我们已经看到，弗洛伊德理论的核心是“统治—反抗—统治”这种周期性的循环。但第二次统治不是第一次统治的简单重复。这种循环运动是统治的前进运动。从原始父亲、经过兄弟宗族、发展到成熟文明所特有的机构化权力制度，统治变得越来越非个人化、客观化和普遍化，同时也变得越来越合理、有效和多产。最后，在充分发展的操作原则统治下，使人屈从的，似乎正是劳动的社会分工本身(尽管物力和人力仍是必不可少的手段)。于是社会表现为一个持久的、扩展着的有用操作体系。等级制的功能和关系披上了客观合理的外衣，法律和秩序成了社会的真正生命。正是在此过程中，压抑也变得非人为化了，因为对快乐的压制和管制现在成了劳动的社会分工的功能(和自然的结果)。确实，作为一家之长的父亲仍然对本能进行着基本管制，这使他的孩子们做好了准备，以便在成年之后可接受社会的额外压抑。但父亲是作为劳动的社会分工中家庭的代表、而不是作为母亲的“拥有者”履行此项功能的。结果，社会利用了个体的劳动力，从而控制了其本能。个体为了生活也不得不工作，这种工作不仅要求他每天耗费8个或10个或12个小时，并转移了相应的能量，而且还要求他在工作和业余时间内使自己的举止行为符合操作原则的标准和规定的道德。从历史上看，要把爱欲降格为一夫一妻制生殖器性欲（它使快乐原则完全屈从于现实原则），只有在个体成为其社会设施中劳动的主—客体时，才能做到。而从个体发生史来看，对婴儿期性欲的主要遏制则仍是实现上述降格的前提。

社会劳动的等级制的发展，不仅使统治合理化了，而且“遏制”了对统治的反抗。在个体方面，原始反抗是在正常的奥狄帕斯冲突的框界内被遏制的。而在社会方面，经常发生的反抗和革命则总是伴随着反革命和复辟。从古代世界的奴隶造反一直到社会主义革命，被压迫者的斗争总是以建立一个新的、“较好的”统治制度而告终；进步是通过改进控制的链条而取得的。每次革命都成了一个统治集团代替另一个统治集团的自觉的斗争；但每一场革命也释放了因“不满足于这个目标”而要进一步消灭统治和剥削的力量。这些力量何以会被轻易地击退还有待于解释。以为原因在于占统治地位的权力层、不成熟的生产力以及缺少阶级意识等等，这都不是恰当的答案。每一次革命似乎都提供了一个历史契机，使反统治的斗争获得胜利，然而这个契机最终丧失了。与这种原动力有关的，似乎有一种**自我击退**的因素（姑且不谈像过于早熟及双方力量对比悬殊诸类理由是否有效）。在这种意义上说，每一次革命也都是一次被出卖的革命。

弗洛伊德关于负罪感的起源及其持续存在的假说，用心理学的语言，说明了这种社会原动力，因为它解释了那些用他们所反抗的那种权力进行反抗的人的“自居作用”。在从政治上和经济上把个体纳入劳动的等级制度时，还有一个本能运动过程。在这个过程中，人的统治对象再生着其自身的压抑。而且与日俱增的压抑的合理化似乎也反映了与日俱增的权力的合理化。统治在使个体继续作为劳动工具并强令其从事苦役和克制时，已不再单纯是或主要是为了维护某些特权，而是为了更大规模地维护整个社会。于是反抗的罪恶被大大加强了。对原始父亲的反抗消灭了一个可以由(而且确实已由)其他人替代的个体；但当父亲的统治扩展成为社会的统治时，似乎就再也不可能有这样的替代了，因而想推翻这种统治的罪恶也就变得非同小可了。使负罪感变得合理化的过程于是也就完成了。原先只限于是家庭及其个体生物权威的父亲，在维持社会生命的管理中，在维持这种管理的法律中，得到了恢复，而且比以前更有权威。这些东西是父亲的最后也是最崇高的体现，它们不可能通过解放而被“象征性地”克服：人是不可能摆脱管理及其法律的，因为这些东西似乎就是自由的最终的保证。对它们的反抗再次成了最大的罪恶，但这不是对垄断着满足的野蛮暴君所犯下的罪恶，而是对确保着为日益满足人类需要所必需的物品和服务设施的美好秩序犯下的罪恶。因此，反抗成了对整个人类社会的犯罪，从而也不再能得到酬报和补赎了。

但正是文明的进步将会使这种合理性变得荒谬了。现存的自由与满足同统治的要求紧密联系；它们本身成了压抑的工具。缺乏一开始就成了为机构化的压抑辩护的借口，但在人类知识和对自然的控制使人能进一步以最少的劳动来满足人类的需要时，这种借口就越来越不管用了。在世界的大部分地区仍存在普遍的贫困，这主要不再是由于人力资源和自然资源的不足，而是由于分配和利用这些资源的方法不当。这个区别对政治和政治家来说可能是无关紧要的，但对某种文明理论来说却是至关重大的。因为这种理论认为，压抑之所以需要，是由于在人类欲望与满足这些欲望的环境之间存在着“自然的”、持久的失调。假如为压抑提供理论依据的，正是这样一种自然条件，而不是某些政治的、社会的机构，那么这种自然条件就变得不合理了。工业文明的文化把人类有机体改造成一种更敏感、更有特色、更可交流的工具，而且创造了巨大的社会财富，足以使这种工具实现自在的目的。可资利用的资源促进了人类需要的质变。劳动的合理化和机械化势必减少消耗在苦役（异化劳动）中的本能能量，从而解放更多的能量，为实现由个体机能的自由消遣所确定的目标服务。技术是与对能量的压抑性利用相对立的，因为它把生产生活必需品的必要时间降低到了最低限度，从而使人可以用节约下来的时间发展那些不属于必然王国和必要消费的需要。

但是，把个体从曾为缺乏和不成熟所辩护的各种压制中解放出来的现实可能性越大，想维持这些压制并使之合理化，以免现存的统治秩序被瓦解的要求也就越强。文明不得不抵御自由世界的幽灵。如果社会不能用它日益提高的生产来减少压抑（因为否则就有可能打乱现存的等级秩序），那么生产就必然会与个体相对抗；它本身成了一种普遍的控制工具。极权主义笼罩着后期工业文明，生产被统治利益所支配，因而其潜能也被抑制和转移。人们被迫进入一种内部和外部的持久的戒备状态。统治的合理性发展到了有可能动摇其基础的地步；因此必须比以往任何时候更加有力地重申这种合理性。这种时刻弑父现象不再会出现，哪怕是“象征性地”出现，因为父亲的继承者已经不存在。

所谓超我的“自动化”表明了社会用于抵抗这种威胁的“防御机制”。这种防御主要是为了加强对意识而不是对本能的控制。如果让意识放任自流，就可能在需要得到的更大更好的满足中出现压抑。这种贯穿于整个现代工业文明的对意识的操纵，在对集权主义文化和“大众文化”的各种解释中，都被描述为对私人生存和公众生存、自发反应和必要反应的调节。提倡“无思想的闲暇活动”，推行反理智的意识形态，就是这种对意识的操纵的若干实例。控制由于扩大到了以前曾是自由的意识领域和闲暇时间，就有可能放松对性欲的禁忌。这种禁忌在先前由于不能那么有效地实行全面的控制而显得十分重要。较之清教时期和维多利亚时期，今天的性自由无疑是更大了(虽然对1920年革命的反抗非常显著)。然而与此同时，性关系也更加密切地与社会关系同化了；性自由与有益的顺从一致了。性和社会功用之间的根本对立本身反映了快乐原则和现实原则之间的冲突，这种对立现在由于现实原则对快乐原则的不断侵犯而被搞得模糊不清。在一个异化的世界上，爱欲的解放必将成为一种致命的破坏力量，必将全盘否定支配着压抑性现实的原则。在西方文明中，文学巨著只赞颂“不幸的爱情”，崔斯坦神话成了这类作品的典型，这也决非偶然。崔斯坦神话中那种可怕的浪漫主义，严格地说，是“现实主义的”。与解放了的爱欲所具有的破坏性不同，在垄断控制的坚固制度内部，性道德的松弛倒是有助于这个制度本身的。否定与肯定、黑夜与白天、梦想世界与工作世界、幻想与挫折，都被协调一致起来了。于是，在这个被控制得井井有序的现实中获得松弛的个体所能回想起的，不是梦想，而是工作；不是童话，而是对童话的斥责。至于在爱欲关系方面，这些人则凭借其天赋的魅力，通过谈情说爱和他们所喜爱的广告，“履行着自己的职责”。

但在统一的、强化控制的制度内部发生了一些重大变化，它们影响了超我的结构和负罪感的内容与表现。而且这些变化趋向于实现这样一种状态：精疲力竭的、完全异化的世界似乎在为一种新的现实原则准备着材料。

超我与它的起源分离了，父亲的创伤性经验被更外在的形象代替了。由于家庭在调节个体与社会的关系中越来越无足轻重，父子冲突也不再是典型冲突了。这种变化导源于自二十世纪初起为“自由”资本主义向“有组织”资本主义的转化所特有的基本经济过程。独立的家庭企业，以及后来的独立的个人企业，都不再是社会制度的细胞了，它们正被纳入大规模的、非个体的集合体和联合体之中。与此同时，衡量个体的社会价值所根据的，主要是标准化的适应技术和适应性质，而不是自觉的判断和个人的责任。

家庭的社会功能的削弱反映了技术对个体的吞噬。①以前，不管怎样，是家庭在抚养和教育着个体，主要的准则和价值标准都是由个人传递并通过个人的命运改变的。确实，在奥狄帕斯状况中，互相面对的不是一些个体，而是“一代代”人（属系的单位）。但在奥狄帕斯冲突传递和遗传过程中，面面相对的便是个体了，于是这种冲突的持续形成了个体的生命史。通过同作为爱情和攻击目标的父母的斗争，年青的一代步入了社会生活，并携带着基本上属于他们自己的冲动、思想和需要。结果，他们的超我的形成、他们的冲动的压抑性变化以及对这些冲动的克制和升华，都成了纯个人的经验。正因为这一

① 关于对这些过程的分析，请参见马克斯·霍克海默尔编：《权威与家庭研究》（巴黎，1936 年）；以及他的《理性的失色》一书（纽约，1946 年）。

点，他们的适应留下了痛苦的伤痕，而在操作原则下的生活仍维持了一个私人的非顺从领域。

但现在，在经济、政治和文化垄断集团的统治下，成熟的超我的形成似乎跳过了个体化阶段，因为属系原子已直接成了社会原子。本能的压抑性组织似乎是集体的，而自我也似乎过早地被一整套超家庭机构及其成员社会化了。早在学龄前阶段，交友结伴活动、收音机和电视就已为人确定了顺从和反抗的模式。对偏离这种模式的惩罚，主要不是发生在家庭内部，而是发生在家庭外部，而且往往是违背家庭意愿的。大众传播媒介的专家们传播着必要的价值标准。他们提供了效率、意志、人格、愿望和冒险等方面的完整训练。家庭无力与这种教育相抗衡。在上代人与下代人的斗争中，双方的地位似乎也发生了变化：儿子更为明智，而且他所代表的是一种成熟的现实原则，这与行将过时的父权形式的现实原则是相对立的。父亲在奥狄帕斯状况中曾是个首当其冲的攻击对象。但到了后来，如果再把父亲作为攻击对象，就不太妥当了。父亲作为财富、技能和经验的传授者的权威已大不如从前了。他不能提供什么，因而也不能阻止什么。进步了的父亲，无论是作为敌人还是“完人”，都是很不恰当的。任何不能再塑造子女的经济的、感情的和理智的前途的父亲，都是如此。而且各种禁令仍然有效，对本能的压抑性控制也继续存在，因而攻击冲动也仍很活跃。那么这种攻击冲动的矛头所指的那个父亲的替身又是谁呢?

由于统治变成了一个无偏见的管理制度，指导着超我发展的形象也就变得非人格化了。以前，超我是由主人、酋长、首领来“充当”的。这些人以其具体的人格代表着现实原则。他们既严厉又仁慈，既残酷无情又赐福于下人。他们唤起了人们反抗的愿望，却又惩罚这种愿望。强迫人们顺从乃是他们自己的功能和责任。因此人们对他们这些人及其作为除尊重和害怕外还伴之以仇恨。他们为冲动及满足这种冲动的自觉努力提供了活生生的目标。但是这些人格化的父亲形象在各种机构后面逐渐地消失了。随着生产设施的合理化及其功能的多样化，所有的统治都采取了管理的形式。而在这种统治发展到登峰造极的时候，集中的经济力量把人完全吞没了。任何人，即使身居高位的人，面对这种设施本身的运动和规律，都显得软弱无力。控制一般由政府机关实施。在这个机关中，无论雇主和雇工都是被控制者。主人不再履行某种个体的功能。性虐待狂首领、资本主义剥削者，都被改造成了某个官僚机构的拿薪俸的成员，而他们的臣民是以另一个官僚机构的成员的身份与他们打交道的。个体的痛苦、挫折和无能都导源于某种多产和高效的制度，尽管在这个制度中，他们过着前所未有的富裕生活。负责组织个体生活的是这个整体，是这个“制度”，是决定、满足和控制着他的需要的全部机构。攻击性冲动失去了攻击的对象，或者说，仇恨所遇到的都是笑容可掬的同事、忙碌奔波的对手、唯唯诺诺的官吏和乐于助人的工人。他们都在各尽其责，却又都是无辜的牺牲品。

攻击，在这样碰壁以后，便重新被心力内投了：有罪的不是遏制，而是被遏制者。那么这是何罪之有呢？物质和思想的进步削弱了宗教的力量，使它不能再解释这种负罪感。转向自我的攻击性有可能变得毫无意义，因为随着个体的意识被同化，秘密被消除，情感被征服，个体已不再有足够的“心理空间”来使自己抵御这种负罪感，来凭他自己的良心生活了。人的自我已大大萎缩，因此，本我、自我和超我之间的各种对抗过程已不再具有其经典的形式了。

但罪恶仍然存在，它似乎是整体、而不是个体的一种性质。这是一种集体的罪恶，是一种随意浪费和抑制物力资源与人力资源的社会制度的罪恶。这些资源的范围可以根据人类获得的自由来规定，而通过对生产能力的真正合理的运用，人类是可以获得自由的。用这个标准来衡量，在工业文明的中心，人似乎仍处于一种身心贫困状态。社会学用来描述当今大众文化中非人化过程的大多数陈词滥调倒是对的；但它们似乎搞错了方向。机械化和标准化没有衰退，只是对它们的抑制减弱了；普遍的协调没有衰退，它们在虚伪的自由、选择和个性幌子下异军突起。在具体的社会学意义上说，大社团中高标准的生活是有限制作用的，因为个体花钱得到的物品和服务控制了他们的需要，僵化了他们的机能。在交换能丰富个体的生活所需的商品时，个体所付出的不仅仅是他们的劳动，而且还有他们的自由时间。生活条件的改善被对生活的全面控制抵消了。人们住的是公寓群，乘的是限制了其接触范围的私人小汽车，用的是装满冰冻食物的电冰箱，看的是几十种宣传同一理想的出版物，玩的是无数精致品和小玩艺，这些东西使他们忙忙碌碌，无暇顾及现实问题，因而也不能萌生既可以少工作又可以确保自己的需要及满足的思想。

今天的意识形态的根据是，生产和消费再生产着统治，并为其辩护。然而生产和消费的这种意识形态特征并不能改变它们具有实在的好处这一事实。整体的压抑性在很大程度上就在于其功效，因为它扩大了物质文化的范围，加速了获得生活必需品的过程，降低了安逸和豪华生活的代价，扩大了工业生产的领域——但在同时，它却又在维护着苦役和行使着破坏。个体由此付出的代价是，牺牲了他的时间、意识和愿望；而文明付出的代价则是，牺牲了它向大家许诺的自由、正义和和平。

潜在自由和现实压抑之间的脱节日趋严重，它已渗透到了整个世间生活的各个方面。进步的合理性加强了这种进步的组织和方向的不合理性。强大的社会凝聚力和管理的权力已足以使整个社会免受直接的攻击，但要根除积聚起来的攻击性就力不从心了。这种攻击性转向了那些不属于整体的人、其生存为整体所否定的人。这个敌人本身是以撒旦和假基督的面目出现的，他无处不在，无时不在；他代表了隐蔽的和邪恶的力量。

由于他无所不在，就必须进行一次总动员。战争与和平、平民与军人、真理与宣传之间的区分被搞得模糊不清了。出现了一种向早已逝去的历史阶段的倒退，而且这种倒退以全国性规模，甚至世界性规模恢复了施虐—受虐狂状态。但这个状态的冲动是以一种新的“文明的”方式得到恢复的，因为这些冲动虽然实际上没有得到升华，但在集中营和劳改营中，在殖民战争和国内战争中，在惩罚性的流放中，都成了对社会“有用的”活动。

在这种情况下，要提出现阶段文明是否显然比以前更具有破坏性这个问题，似乎没多大意义。不过，单单表明破坏性贯穿于整个历史，还不足以避免这个问题，因为现阶段的破坏性只是在根据其自身的潜能、而不是根据以往阶段的状况来衡量时才有意义。战争是由职业军人在有限空间内进行的还是在全球范围内对全人类发起的；那些本来能使世界摆脱贫困的技术发明是用来摆脱苦难还是用来造就苦难；是千百人在战争中送命还是千百万人在医生和工程师的帮助下被科学灭绝；逃亡者能在异国得到庇护还是在全球范围内都受到追捕；人是天生无知的还是被日常接受的信息和从事的娱乐活动人为地愚弄成无知的，所有这些差别都并非仅仅是量的差别，恐怖与正常，破坏与建设，又一次被轻而易举地同化了。当然进步还在继续，而且这种进步还在削弱着压抑的基础。当统治取得的成就达到顶峰时，统治不仅削弱了它自己的基础，而且也破坏和消除了对统治的反抗。但理性的否定性依然存在。它刺激着财富和权力，并创造了一个使操作原则的本能根系逐渐干枯的环境。

劳动几乎完全异化了。装配线的整套技巧、政府机关的日常事务以及买卖仪式，都已与人的潜能完全无关。工作关系几乎变成了作为科学活动和效率专家的处理对象，成了可以互相替换的人与人之间的关系。确实，迄今尚很流行的竞争需要一定程度的个性和自发性；但是，这些特征已与它们所依赖的竞争一样，变得肤浅和不真实了。事实上，个性在名义上只存在于对类的特殊表达中[①]（如卖淫妇、主妇、硬汉、女强人、上进的年轻夫妇，等等），正如竞争也将缩小到对几类预定的小玩艺、装饰品、调味品、颜料之类东西的生产上。在这个虚幻的表面现象背后，整个工作世界及其娱乐活动成了一系列同样甘受管理的有生命物和无生命物。在这个世界上，人类生存不过是一种材料、物品和原料而已，全然没有其自身的运动原则。这种僵化的状况也影响了本能、对本能的抑制和改变。原来的动态本能现在变为静态的了，自我、超我和本我之间的相互作用凝聚成了机械反应。超我的僵化伴有自我的僵化，它的表现就是在不恰当的时间和地点产生了僵化的性格和态度。意识越来越缺少自主性，它的任务范围缩小了，它只须使个体与整体

① 利奥 · 洛温撒尔：《1937 年国际名人录》，载《哲学和社会科学研究》（以前是《社会研究杂志》），第八卷（1939 年），第 262 页以下；另见其《大众文化的历史观》，载《美国社会学杂志》，第五十五卷（1950 年），第 323 页以下。

相协调。

这种协调非常有效，它减少而不是增加了总的不幸。我们前面已指出，由于个体的意识受到幕后操纵的约束，使他对现行压抑的认识变得含糊不清了。这个过程也改变了幸福的内容。幸福一词所指的不仅是私人的、主观的状态。[①]幸福不仅是一种满足感，而且是一种实在的自由和满足。幸福包含了知识，它是理性动物的特权。但随着意识开始衰退，信息受到控制，个体被大众交往同化，知识也受到了支配和限制。个体并不真正理解所发生的事情。极其强大的教育和娱乐机器把他同其他人结合在一种麻木不仁的状态中，使他们不会再萌生任何有害的念头。而既然认识全部真理无助于幸福，那么这样一种总的麻木不仁状态便使个体感到幸福。如果说焦虑不仅是一般的不适，而是一种生存状况，那么，所谓“焦虑的年代”的特征便是未能揭示的这种焦虑的程度。

这些倾向似乎表明，一个人要实行自己的抑制所消耗的能量和作出的努力大大减少了。个体与其文明的现存联系松弛了。在个体看来，文化过去是为他生产和更新当时流行的价值标准和社会机构的抑制系统。而现在，现实原则的压抑性力量似乎不再为被压抑个体复兴和再生了。个体越是不表现为其自

① 赫伯特·马尔库塞：《幸福论批判》，载《社会研究杂志》，第七卷（1938年），第55页以下。

己生命的代理人和牺牲品，现实原则就越是不能借助“创造性”的自居作用和升华而得到加强。这种自居作用和升华既丰富而又保护了文化的氛围。可是，毫不妥协地表达着人类的恐惧与希望的那些集体及其理想、那些哲学体系和文学艺术品，依然在抵抗着现行现实原则，它们是对现实原则的彻底否定。

日益加深的异化也有积极的方面。过去的操作原则的维持者的能量正在变得越来越不必要。必需品和奢侈品生产的自动化、劳动和娱乐的自动化，使个体的潜能不可能在这个领域中得到实现。它阻碍着力比多的集中发泄。关于缺乏、苦役、统治和克制等的起源的意识形态失去了它的本能根据和理性根据。异化理论表明，人不能在劳动中实现自己，他的生命成了劳动的工具，他的工作及其产品具有一种独立于他（作为个体）的形式和力量。但是，要摆脱这种状况，就必须完成而不是阻止这种异化，必须消除而不是恢复被压抑者及其生产性人格。把人的潜能从（异化）劳动世界中取消乃是把劳动从人的潜能世界中取消的前提。

# 第五章 哲学的插曲

弗洛伊德的文明理论产生于他的心理学理论，例如，该理论对历史过程的见解就来源于对作为历史的生命实体的个体心灵机制所作的分析。这种研究方法也深入到了保护性的意识形态，因为它对文化机构的看法是依据这种机构借以发挥作用而塑造的个体的。但这种心理学研究方法似乎在紧要关头失灵了，因为历史“从背后”越过了个体，而且历史过程的规律也一直是那些支配着具体机构而不是个体的规律。[①]我们不同意这种批评，我们曾经论证，在弗洛伊德的心理学所涉及的心理机制领域中，个体也就是属，现在也就是过去。弗洛伊德理论揭示了在社会学的非个体化背后还有一种生物学的非个体化，前者是在现实原则下实现的，后者则是在快乐原则或涅槃原则下完成的。由于这种属的概念，弗洛伊德的个体心理学本身就是属的心理学。而且他的这种属的心理学表明，本能的变迁也就是历史的变迁。人类得以发展的历史条件解放并组织了经常出现的原动力，后者推动了爱欲本能与死亡本能的斗争，推动了对文化的建设和破坏，推动了压抑和被压抑物的回归。

但是，弗洛伊德理论的元心理学意义甚至还不限于社会学领域。主要的本能是生命本能和死亡本能，因而属于有机物本身。而且它们把有机物向后与无机物相联系，向前与有机物的更高的心理表现相结合。换言之，弗洛伊德理论包含了对某些主要存在方式的结构的假定，因而具有**本体论**的意义。本章试图表明，这些意义不只是形式上的，而且是西方哲学基本脉络的一部分。

在弗洛伊德看来，文明是以对主要本能的有条不紊的抑制为出发点的。可以区分两种主要的本能组织形式：(1) 对性欲的抑制，它将导致集体关系的稳定和发展；(2) 对破坏本能的抑制，这将产生对人和自然的控制，产生个体道德和社会道德。当这两种力量的结合更有效地维持了更大集体的生命时，爱欲就压倒了它的对手，社会的利用迫使死亡本能服务于生命本能。但正是文明的进步扩大了升华的范围、扩大了控制攻击的范围；由于这两方面的原因，爱欲被削弱了，而破坏性则得

① 特奥多尔·W·阿道诺：《精神分析和社会学》，载《社会学》(法兰克福，1955 年)。《法兰克福社会学文集》，第一卷。

到了释放。这一点表明，所谓进步仍然隶属于本能结构中的一种倒退趋向(归根到底，隶属于死亡本能)，而文明的发展则受到了某种不达目的不罢休的、持久的(虽是被压抑的)冲动的反抗。统治、权力和生产的加强通过破坏超出了理性必然性的范围。对解放的追求在对涅槃的追求面前显得相形见绌了。

在精神分析中常常出现这样一种不幸的假说：文化通过被社会利用的冲动，受到涅槃原则的统治。进步“包含了”倒退。奥托·兰克从其《诞生的创伤》一书中得出结论说：文化更大规模地造就了再生产胚胎期状态的“保护性硬壳”：

> 文明和技术知识不断地想造成的每一次“安慰”，都不过企图用某些持久的替代物来取代它日益背离的原始目标。[①]

弗伦采的理论，特别是他关于一种“非生殖的”力比多的思想，也倾向于同样的结论；[②]而盖佐·罗哈姆则认为，“丧失客体、陷于黑暗”的危险乃是文化发展中最重要的本能动机之一。[③]

涅槃原则在文明中的持久力量，说明了对爱欲的文化建设

---

① 奥托·兰克：《诞生的创伤》(纽约，1929年)，第99页；另见第103页。

② 参见本书第十章。

③ 盖佐·罗哈姆：《文化的起源和功能》(纽约，1943年)，第77页。

力量所加的压制的范围。爱欲在与死亡本能的斗争中创造了文化，它努力要在更大、更丰富的规模上保存存在，以便满足生活本能，使之免受不能实现、甚至被灭绝的威胁。但正是爱欲的**失败**、在生活中的不能实现，提高了死亡本能的价值。形形色色的倒退，都是对过度的文明所作的无意识反抗，是对压倒快乐的苦役和压倒满足的操作所作的无意识的反抗。有机体有一种最深层的倾向，它妨碍支配文明的原则，坚持要求摆脱异化。死亡本能的派生物与爱欲的各种神经症的反常表现一起参与了这一反抗。弗洛伊德的文明理论一再指出了这些逆流。虽然在既存文化看来，这些逆流具有破坏性，但它们恰恰证明了它们所要破坏的东西即压抑才是破坏性的。它们的目的不只是反对现实原则，实现虚无，而且要超越现实原则，达到另一种存在。它们表明了现实原则的历史性、有效性和必要性的限度。

在这一点上，弗洛伊德的元心理学与西方哲学的主流汇合了。

西方文明的科学理性在开始结出累累硕果时，也越来越意识到了它所具有的精神意义。对人类和自然环境进行理性改造的自我表明，它自身本质上是一个攻击性的、好战的主体，它的思想和行动都是为了控制客体。它是与客体相**对抗**的主体。这种先天的对抗性经验既规定了**我思**也规定了**我做**。自然（自我本身及其外部世界），作为某种斗争、征服，甚至侵犯的对象而被“赋予”自我，因此它是自我保存和自我发展的前提。

这场斗争一开始是要从内部永远地征服个体的“低级”机能即性欲和食欲机能。征服这些机能的任务至少自柏拉图以来一直被看做是人类理性的一个组成部分。因此，人类理性从其功能上说乃是压抑性的。而这场斗争的最后结果则是征服外部自然。为了满足人类需要，必须永远进攻、控制和开发外部自然。自我把存在看做是“刺激”[①]、是“投射”[②]。它把每一种生存条件都看做是一种限制，这种限制必须被克服并被转变成另一种限制。甚至在要求有这样一种态度的任何具体场合出现之前，自我就成了控制生产和行动的前提。马克斯·舍勒曾经指出，“有意识或无意识地征服自然的冲动或意志，是使现代人与存在相联系的第一步”，它有一种先于现代科学技术的结构，是发生在科学思想和自觉之先的“前逻辑和非逻辑的”东西。[③]先天地经验到自然的，是具有统治欲的有机体，因此他所经验到的自然是可被支配和控制的自然。[④]工作是与自然作战的一种先天的力量和刺激；它是对抵抗的克服。在这样一种工作态度中，客观世界的形象成了“攻击点的象征”；行动成了统治，而现实本身则成了“抵抗”[⑤]。舍勒称这种思想为“定

① 加斯东·巴歇拉尔：《水和梦》（巴黎，1942年），第214页。
② J·P·萨特：《存在与虚无》（巴黎，1946年）。
③ 马克斯·舍勒：《知识的形式和社会》（莱比锡，1926年），第234—235页。
④ 同上书，第298—299页。舍勒指“有权力欲的生物”。
⑤ 同上书，第459、461页。

向于统治和成就的认识”，并在其中看到了一种指导着现代文明发展的特殊认识。[①]它形成了不仅关于作为思想主体和行动主体的自我的观念，而且也形成了关于其客观世界的占统治地位的观念，即形成了关于存在本身的观念。

希腊人把逻各斯视为存在的本质，而不管其本来的意义究竟是什么。自亚里士多德将逻辑定于一尊以来，逻各斯一词已与整理、划分、控制的理性没有区别了。这种理性观与那些接受性的而非生产性的、趋于满足的而非趋于超越的机能和态度，即与那些仍强烈地听命于快乐原则的机能和态度，处于越来越激烈的对抗之中。这些机能和态度变成了不合理的和非理性的东西，因此为了理性的进步，必须予以征服和遏制。理性将更有效地改造和开发自然，以确保人类潜能的实现。但在此过程中，目的与手段似乎易位了：异化劳动时间占用了个人需要时间，从而也规定了需要本身。逻各斯表现为统治的逻辑。这样，当逻辑把思想的单位缩小到符号和记号时，思想规律最终成了演算和操作技术。

但统治的逻辑不是一帆风顺的。集中体现了主客体对立关系的哲学仍然保留着二者调和的形象。超越性主体的无休止劳动，结果造成了主客体的最高统一，这就是存在于其自我实现中的“自在且自为的存在”的观念。满足的逻各斯与异化的逻

① 马克斯·舍勒：《知识的形式和文化》（波恩，1925 年），第 33 页。

各斯是矛盾的，而推动着西方形而上学内在历史的，正是想使二者握手言和的努力。这种形而上学的经典阐述就是亚里士多德的不同等级的存在方式，存在的最高峰是神的奴斯。这种奴斯的实存，在任何状态和条件下都只是其自身，而不再受自己以外的任何东西的规定和限制。上升的变化曲线被扭成一个自动的圆圈，其中包括着过去、现在和将来。在亚里士多德看来，这种存在方式是神独有的；在经验中惟一与这种存在方式相近似的乃是思想运动、纯思想运动。倘若没有这种惟一的近似事实，经验世界就不能分享这种实现；只有一种“爱欲一样的”渴望才使这个世界与其自在的目的发生了联系。亚里士多德的思想不具有宗教性质。神的奴斯似乎是宇宙的**部分**，而不是宇宙的创造者、上帝和救世主。它是一种特殊方式的存在，在这里，所有潜能都已实现，存在的“投射”已经完成。

亚里士多德的思想虽几经变换，仍富有活力。在理性时代之末，在黑格尔那里，西方思想作了最后和最大的努力来证明其范畴及支配世界的原则的有效性，结果却仍然诉诸这个**神的奴斯**。实现仍被交给绝对观念和绝对知识。圆圈运动又终止了破坏性和生产性超越的痛苦过程。这个圆圈现在完整了。在世界这个普遍的理性之圈中，所有异化都得到了辩护，同时也被取消了。但现在，哲学把握住了理性大厦得以建立的历史基础。

"精神现象学"把理性的结构作为统治的结构、作为对这种统治的克服而加以揭示。人征服自然和历史世界，使之成为其自我实现的手段，而理性就是通过这种人的自我意识的发展而发展的。当纯粹意识达到自我意识阶段时，它发觉自己是自我，而自我产生了第一个欲望：它只有在"他人"那里并通过"他人"来满足自己，才能有自我意识。但这样的满足也包含了对他人的否定，因为自我必须证明自己是真正反对一切"他人性"的"自为存在"。[①]要使这种个体观所讨论的个体成为实在的个体，必须不断地自我断定和自我肯定，他与作为其"否定性"即否定着其自由的世界相抗衡，因此他必须使其生存不断地抵抗并战胜与之争斗的物和人才能生存。自我必须成为自由，但如果世界具有"否定性特征"，那么自我的自由就取决于自我之被"看做"和"承认"为主人，而这样一种承认只能由另一个自我、另一个自我意识的主体来提供。对象没有生命；为克服它们所进行的抵抗不能满足或"检验"自我的力量，"自我意识只能在另一个自我意识中得到满足"。因此，对对象世界的攻击态度，对自然的统治，最终的目标乃是人对人的统治。这是对其他主体的攻击。因为自我的满足是以其对另一个自我的"否定关系"为条件的：

① 这里及下面的论述均根据黑格尔的《精神现象学》。

> 两个自我意识的关系的特殊构成使它们要通过一场生死斗争来表明自己和对方……只有以生命相赌，才能获得自由……[1]

所以要以生命相赌，并不是因为自由要摆脱奴役，而是因为人类自由的内容本身就受与他人建立的相互的“否定关系”所规定。由于这种否定关系影响到整个生命，自由就只能以生命本身相赌才能得到“检验”。死亡和焦虑“不是作为在某一特定时间对某一特定因素的恐惧，而是作为对人的‘整个存在’的恐惧”，[2]它们是人类自由和满足的重要条件。从自我意识的否定性结构中，产生了主人和奴隶的关系，统治和奴役的关系。这种关系是自我意识的特殊性质的结果，是其对待他物和他人的特殊态度的结果。

要是西方文明不过是统治逻辑的发展，那么，精神现象学就不是这种西方文明的自我解释。《精神现象学》克服了导源于与他人(物)的对抗关系的那种自由。真正的自由不是连续不断地进行征服活动，而是恰恰是在明确地认识和满足了存在的时候制止这种征服活动。《精神现象学》一书末尾的本体论氛围与普罗米修斯的原动力正好相反：

① 卡尔 · J · 弗里德里希编：《黑格尔的哲学》(纽约，1953 年)，第 402 页。
② 同上书，第 407 页。

精神的创伤完全愈合了。这种行为不是持久的；当精神不再有这种行动时，其中包含的特殊性(个体性)也就立即消失了。[①]

相互的承认和认可还是自由的实在性的试金石，但这里的条件则是宽恕和和解：

和解的保证就是客观地生存的精神，它在其对立物中把握了对作为普遍本质的自身的纯粹知识……这种互相认可就是绝对精神。[②]

黑格尔的这些论述是在其对各种精神现象的分析达到了“自我意识的精神”，即自在自为的精神这样的重要阶段提出的。在这里，“对他人(物)的否定关系”，在作为奴斯的精神的生存中，最终被转变成了作为接受性的生产性和得到实现的活动。在《百科全书》中，黑格尔阐述其体系的最后一词是“享受”。在西方文明中发展到顶峰的哲学认为，真理在于对支配这个文明的原则的否定。这是一种双重意义的否定，一方面，自由只是在理念中才是实在的；另一方面，存在的无限地投射

① 黑格尔：《精神现象学》，J · B · 贝利英译本(伦敦，1910 年)，第二卷，第 679 页。

② 同上书，第 680 页。

和超越的生产性，在自我意识的接受性的持久和平中趋于成熟。

本体论内容和历史内容之间的张力贯穿于《精神现象学》：各种精神现象乃是西方文明的主要阶段，但这些历史现象仍受到否定性的影响。只是在绝对知识中并作为绝对知识，精神才醒悟过来。它既是思想的真实形式，又是存在的真实形式。存在本质上就是理性。但在黑格尔看来，理性的最高形式与其现存形式几乎是恰恰相反的，因为它是一种获得的、持续的实现，是主体与客体、普遍与个别的明显统一。但这种统一是动态的而非静态的，所有变化在这里都是各种潜能的自我外化、解放和享受。历史的劳动在历史中告终。因为异化、超越和时间的流逝都被取消了。精神“克服了其暂时的形式，否定了时间”。[①]但历史的“终结”又恢复了它的内容，因为征服时间的力量乃是记忆(回忆)。精神从中获得真理的绝对知识本身也是精神，但它已“进入了其实在的自我，从而摆脱了其(外在的)生存，并将它的格式塔赋予记忆”。[②]存在不再是向未来的痛苦超越，而成了对过去的平和恢复。使万物保住原样的记忆是“实体所具有的内在的，而且实际上也是较高级的形式”。

记忆在此成了最高存在形式的重要生存范畴，这个事实表

① 黑格尔：《精神现象学》，第821页。

② 同上书。德文中Er-innerung(记忆)一词有“使……内在化”，“从外在化中退回”的意思，这是无法英译的(因而也是无法中译的。——译者)。

明了黑格尔哲学的内在趋向。黑格尔用自足地再生产，并完善着存在物的圆圈发展的观念代替了进步的观念。这种发展是一种先决条件，它规定了人(他的主客观世界)的整个历史及对这个历史的把握，即对他的过去的记忆。过去仍然是现在；它就是精神的生命；已经存在的东西决定着现在存在的东西。自由意味着和解，即对过去的恢复。如果抛下过去，忘却过去，那么破坏性的侵越便会没完没了。但似乎必须控制住这种侵越的进程。黑格尔认为“精神的创伤完全愈合了”。他相信，在现有的文明阶段，由于理性的胜利，自由已成为现实。但无论是国家还是社会都还没有体现自由的最高形式。不管它们组织得多么合理，它们仍然苦于不自由。真正的自由仅存于理念中。因此解放乃是一个精神的事件。黑格尔的辩证法仍然未能突破由现存现实原则所确定的框架。

西方哲学以理念始，也以理念终。无论在其开端(亚里士多德)还是在其终端(黑格尔)那里，最高形式的存在、最高形式的理性和自由，都表现为奴斯，表现为精神。无论在其开端还是终端，经验世界都是一种否定性的东西，是精神的，或精神在世间的代表的材料和工具。在现实中，无论是记忆还是绝对知识都不能恢复过去和现在存在的东西。而且这种哲学所证实的，不仅是支配着经验世界的现实原则，还有对这种原则的否定。存在的完善不是上升的曲线而是封闭的圆圈，是从异化的回归。哲学只能把这样的状态看做纯粹思想的状态。在开端与终端之间存在的，是作为统治的逻辑的理性发展，即通过异化而达到的进步。被压抑的解放在理念和理想中得到了提倡。

在黑格尔以后，西方哲学的主流枯竭了。统治的逻各斯建立了它的体系之后，余下的便是扫尾工作了：哲学只是作为学术机构中的一种特殊的(但不是特别重要的)功能而得以幸存。新的思想原则在此机构之外发展起来，它们具有不同的性质，服从于不同的理性形式，不同的现实原则。这个变化，用形而上学的语言来表达，就是指存在的本质不再被看做逻各斯。而且，由于这种对存在的基本经验的变化，统治的逻辑也面临着挑战。当叔本华把存在的本质规定为意志时，这种意志乃是必须不惜一切代价予以恢复的、不能充分满足的欲望和攻击。在叔本华看来，这种欲望和攻击只有在被绝对否定以后才能得到恢复；意志本身必须止步，必须终结。但涅槃的理想包含了肯定：终结也就是实现，也就是满足。涅槃是快乐原则的形象。因此它在里查德·瓦格纳的音乐作品中仍是压抑性的，因为它的实现(同在任何有益的神学和道德中一样)要求牺牲世间的幸福。个体化原则本身据说也有责任，只有实现不属于这种原则的范围之内。最兴奋的《爱之死》才依然赞颂着最兴奋的克制。

只有尼采的哲学才超出了本体论传统，他指控逻各斯压抑和歪曲了权力意志，但他的控词过于模糊，常常使人难以理解。首先，这种控告本身就是模糊的。从历史上看，统治的逻各斯是解放而不是压抑了权力意志。具有压抑性的正是这种权力意志的方向，即走向生产性克制，因为它使人成为自己劳动的奴隶，成为自己获得满足的敌人。而且，权力意志尚不是尼采的最终定论："我的朋友们，我要告诉你们，意志，乃是解放者、造福者。但你们现在也必须知道，意志本身还是一个囚犯。"[①]意志还是一个囚犯，因为它对时间无能为力：过去不但没有得到解放，而且，由于没有得到解放，而继续阻碍着一切解放。只有打碎了时间对生命的权力，才可能有自由。时间不会"重现"，这个事实维持了内疚感的痛苦，它孕育了报复心理和惩罚需要，而这又转而使过去、使对死亡的厌恶持续下去。随着基督教道德的胜利，生命本能受到了歪曲和压制；而内疚感则与"对上帝犯的罪"有关。"对世界的原始起源和祖先，即'主人'、'父亲'的敌意、反抗和起义"根植于人类本能之中。[②]于是压抑和剥夺便得到了辩护和肯定。它们被转变成了决定人类生存的控制力量、攻击力量。随着其社会功用的增长，进步必然就是进一步的压抑。在这条道路上，人别无选择，没有任何精神的和先验的自由可以补偿文化的压抑性基础。"精神的创伤"，即使愈合了也还会留下伤痕。过去成了

① 尼采：《扎拉图斯特拉如是说》，第二部分（"论赎罪"），参见 W · 考夫曼编：《尼采手册》（纽约，1954 年），第 251 页。

② 尼采：《道德谱系学》，第二部分，第 22 节。

现在的主人，生命成了死亡的贡品：

> 现在，精神上空乌云密布，直到最后疯子说："万物消逝了，因此是应该消逝的！这就是公正本身，这就是时间的规律，它必须吞噬其子女。因为疯子是这样说的。"[①]

尼采揭露了那个作为西方哲学和西方道德基础的巨大谬误，这就是把事实变成了本质，把历史条件变成了形而上学条件。人的软弱无力和悲观失望、权力和财富的不均等以及人所遭受的不公正和苦难均被归因于某种先天的作恶和罪孽。反抗成了原罪，成了对上帝的不敬；而追求满足则成了俗人的欲念。而且这一系列谬误的登峰造极之处在于把时间神化了：由于经验世界上的万物都稍纵即逝，人本质上是一个有限的存在，因此死亡便属于生命的本质。只有较高的价值标准即内在的人、信仰和爱才是永恒的，因而也是真正实在的，它们没有要求，没有欲望。尼采企图揭示这类转变的历史根源，从而说明它们的双重功能，即它们一方面抚慰和酬报社会底层并为之辩护，另一方面则保护那些制造社会底层的人。在使西方文明不断提高其效益的生产性压抑的高潮中，人所取得的成就像滚雪球似的迅速增长，从而掩盖了主人与奴隶、统治者与被统治

① 尼采：《扎拉图斯特拉如是说》，第 25 页。

者的区分。但是效益的日益提高却导致了生命本能的日渐式微，导致了人的退化。

尼采的批判与所有学究气的社会心理学的区别之处在于他的批判所持的立场。尼采是以一个与西方文明的现实原则根本对立的现实原则立论的。根据对作为自在目的的存在、作为欢乐和享受的存在的经验，他抛弃了理性的传统形式。人之所以要同时间斗争，是因为人要在一个真正属于他自己的世界上醒悟过来，就必须打破变异对存在的统治。只要还有未被掌握、征服的时间——即无情的丧失，痛苦的、不能重现的过去的存在——存在就包含着颠倒善恶的破坏种子。只是在克服了超越性、在此时此地出现了永恒性的时候，人才能醒悟过来。尼采的学说最后看到了封闭的圆圈，它不是进步，而是“永恒的回归”：

> 万物逝去了又回归，存在之轮常转。万物枯竭了又发芽，存在之树常青。万物破碎了又结合，存在之家常在。万物分离了又会合，存在之圈常存。在每一个现在，存在开始了。绕着每一个此，彼的领域旋转了。到处都是中心。永恒性的道路是弯曲的。①

这个封闭的圆圈似曾相识，在亚里士多德和黑格尔那里，它是

① 尼采：《扎拉图斯特拉如是说》，第三部分，第 329—330 页。

自在目的的存在的象征。但亚里士多德称之为神的奴斯，黑格尔将之等同于绝对理念，而尼采实事求是地看待这种有限物的具体的、特定的永恒回归。这是对生命本能的完全肯定，而没有丝毫的回避和否定。这种永恒回归乃是对存在采取爱欲态度的意志和命令，必然性和实现也因此而得到了统一。

必然性的守护神！
存在的顶头星！
任何愿望不能企及，
任何否定不能伤害，
存在的永恒肯定：
我永恒地承认您，
因为我爱您，永恒。[①]

在对异化生存做了最后的安慰以后，永恒，由于沉浸在一个先验世界中，早被转变成了一种压抑的工具，一种对现实苦难的不现实偿报。而在这里，永恒又回到了美丽的尘世，它是世界的子女、百合花和玫瑰花、照耀山河的太阳、情人和爱人、对生命的担心以及苦难和幸福等所有东西的永恒回归。死亡依然

① 尼采：《荣誉和永恒》，载《尼采全集》（莱比锡，1919 年），第八卷，第 436 页。

存在。它只是在伴随有一种在此之前存在于世间的万物的实在的再生时，才能得到真正的征服，但这种再生不是一种纯粹的重复，而是合人意愿的再创造。因此永恒的回归也包括苦难的回归，但这种苦难乃是增加满足、扩大快乐的途径。[①]对痛苦感到恐怖是由一种“软弱本能”所致，是由于痛苦压倒了一切而成为最终的、决定性的东西。如果人有足够“强大的权力”，[②]能使痛苦成为一种作出肯定的刺激，成为快乐之链上的一环，那么苦难是可以肯定的。永恒回归学说的全部意义在于这样一个核心思想：“快乐需要永恒”，即需要它自己和万物永世长存。

尼采的哲学包含了许多可怕的过去的成分；他对痛苦和权力的赞颂把他要努力克服的许多道德特征持久化了。但是，一种新的现实原则形象打破了压抑背景，并预见了对古代传统的摆脱。“世界早已成了疯人院”，[③]对尼采来说，这种摆脱的前提是要扭转负罪感；人类必须把内疚感与对生命本能的否定而不是肯定、与对压抑性理想的接受而不是反抗结合起来。[④]

我们已暗示了西方哲学发展中的几个关节点，它们表明了

---

① 尼采：《荣誉和永恒》，载《尼采全集》（莱比锡，1919 年），第八卷，第 301 页。
② 同上书，第八卷，第 295 页。
③ 尼采：《道德谱系学》，第二部分，第 22 节。
④ 同上书，第 24 节。

这种哲学的理性体系的历史局限及想超出这个体系的努力。这个斗争表现于变异与存在、上升曲线与封闭圆圈、进步与永恒回归、超越与满足于实现之间的对抗之中。[①]这是统治逻辑与满足意志的斗争。双方都要求规定现实原则。于是传统本体论遭到了非议：与以逻各斯为基础的存在观相抗衡，出现了一种以非逻辑的东西即以意志和快乐为根据的存在观。这股逆流也想努力表明其自身的逻各斯，即满足的逻辑。

弗洛伊德理论发展到最后也成了这种哲学原动力的一部分。他的元心理学企图对存在的本质作出规定，认为这种本质就是爱欲，这与传统的把存在的本质定义为逻各斯的观点正好相反。死亡本能肯定非存在原则(否定存在)，而反对爱欲(存在原则)。在弗洛伊德思想中，这两个原则到处都融合在一起。这与存在与非存在的传统的形而上学融合是一致的。确实，弗洛伊德的爱欲观只与有机生命有关。然而，由于无机物作为“死亡本能”的目标，与有机物具有内在的联系，因此，(如上表明)，似乎可以赋予他的思想以一种普遍的本体论意义。存在本质上是对快乐的追求。这种追求成了人类生存的“目标”。想把生命体结合进一个更大、更稳固的单位的爱欲冲动成了文明

① 米尔齐·伊利亚德在其《永恒回归的神话》(伦敦，1955年)一书中讨论了这里概述的两种对立的时间观。他把“循环”的时间观与“线性”的时间观相对照，认为前者是“传统”(特别是原始)文明的特征，而后者则是现代人的特征。

的本能根源。性本能就是生命本能，因为想根据发展着的生命需要来控制自然以保存和丰富生命的冲动本来就是一种爱欲冲动。缺乏，是妨碍生命本能满足的障碍，因为后者追求的是快乐，而不是安全。“生存斗争”最初也是一场争取快乐的斗争，因为文化一开始就集体地贯彻着这种目标。但到后来，生存斗争只是为了统治才被组织起来，于是文化的爱欲基础就被改变了。当哲学把逻各斯看做存在的本质时，这种逻各斯就已经是统治的逻各斯了，已经是人和自然必须服从的理性，这种逻各斯不仅发号施令、为所欲为，而且还确定方向。

弗洛伊德根据爱欲对存在所作的解释，恢复了早期柏拉图哲学，后者也认为文化不是压抑性的升华，而是爱欲的自由的自我发展。早在柏拉图那里，他的这个看法就已成了一种古代神话的残迹。爱欲被逻各斯吸收了，而逻各斯乃是抑制本能的理性。本体论史反映了越来越专制地支配着世界的现实原则，因此形而上学爱欲观中包含的许多洞见被迫隐蔽起来。它们只是在末世学的曲解中、在许多异端运动中、在幸福论哲学中，才得以幸存。它们的历史，同爱欲在神爱中的变迁史一样，尚待撰写。[①]弗洛伊德自己的理论也循着这股总的潮流发展。在他的著作中，他所关心的已是占统治地位的现实原则的合理

① 参见安德烈·尼格伦：《神爱与爱欲》（费城，1953年）。

性，而不再是对爱欲的形而上学沉思。

而我们现在需做的，正是要恢复他这种形而上学沉思的全部内容。

# 第二篇　超越现实原则

在人的一生中，为了竭力确定人在来世的样子，浪费了多少时间！想作出这个发现的努力越大，人对其生存的现世就知道越少。为人所认识、所生存和提供一切物品的这个可爱的世界，按照大小教士的看法，是在人的思想中地位最低下的世界。人自呱呱坠地之日起，就得到建议与命令，向这个世界告别。唉呀，我们已经完全滥用了这个美丽的世界！说它应当就是我们的家，这决不是一个令人悲伤的真理。要不是它只给我们以衣、食、住以及百合花和玫瑰花、苹果和梨子的话，它就是凡人和超人的最终归宿。

——肖恩·奥卡西：《晨星和暮星》

# 第六章　现存现实原则的历史局限

前面的分析想努力辨明文明的本能结构中的某些基本趋向，特别是想努力确定一直支配着西方文明进步的特定现实原则。我们称这种现实原则为操作原则，并企图表明，现行劳动社会组织产生的统治和异化，在很大程度上决定着这一现实原则对本能的要求。于是产生了这样的问题：是否必须把这种作为惟一的现实原则的操作原则的连续统治视为当然(因此是否必须根据这同一原则来看待文明的趋向)？或者说，这种操作原则是否也许为一种具有质的差别的、非压抑性的现实原则创造了前提？如果我们使精神分析关于人的理论面对某些基本的历史趋向，就会出现这样的问题。

(1) 文明在操作原则下的进步本身已达到了一个新的生产水平，在这里，社会对用于异化劳动的本能能量的要求可以大大降低。因此，连续的、压抑性的本能组织所以必须存在，与其说是为了“生存斗争”，不如说是为了延长这一斗争，即为了延长统治。

(2) 代表着西方文明的哲学提出了一个理性概念，它表达了操作原则的主要特征。但正是这同一种哲学最后也看到了一种较高形式的理性，而它恰恰否定了这些特征，即接受、沉思和享受。根据超越性、生产性的自我活动来规定主体的根据是，自我可以得到拯救：所有超越活动都在一种存在方式中偃旗息鼓了，因为这种方式的存在已经同化了一切变异，它在一切他物中，都为自己并且凭自己而存在。

操作原则的历史特性和历史限度的问题，对弗洛伊德理论来说，具有极端的重要性。我们看到，他实际上把现存的现实原则(即操作原则)与现实原则本身等同起来。因此，如果这个操作原则结果表明仅仅是现实原则的某一特定历史形式的话，那么弗洛伊德的文明辩证法也就没有多大意义了。而且由于弗洛伊德把本能的历史特性等同于它的“本性”，操作原则具有的相对性甚至还影响到他对爱欲与死欲之间的本能原动力的基本看法，因为在不同的现实原则下，爱欲与死欲的关系及其发展也会不同。反过来，弗洛伊德的本能理论提供了一个最强有力的论证来驳斥现实原则具有相对(历史)性的观点。假如性欲本质上是反社会和非社会的，假如破坏性乃是某个主要本能的表现，那么，关于一种非压抑性的现实原则的观念就不过是空想。

弗洛伊德的本能理论指明了考察这个问题必须采取的方向。操作原则对性欲和破坏本能推行一种一体化的压抑组织。因此，如果历史过程有可能使操作原则的机构过时和失灵的话，它也就有可能使本能组织过时和失灵，就是说，使本能从操作原则所要求的压制和偏向中解放出来。这就意味着，其实是可以逐渐消除额外压抑的，因而，强化了的力比多就能够吸收和抵消正在扩大的破坏性范围。很明显，弗洛伊德理论排斥了构造任何精神分析的乌托邦的可能性。如果我们接受他的理论并又坚持认为，非压抑性文明的观念具有历史意义，那么这种历史意义必定可以从弗洛伊德的本能理论本身中导出。我们必须对他的概念进行考察，以发现其中究竟是否含有需要重新解释的成分。这种研究方法是与在前面的社会学讨论中所使用的研究方式相符的。前面我们企图从操作原则创造的历史条件中“发现”这一原则的僵化；而在这里，我们将努力从本能的历史变迁中“发现”本能的非压抑性发展的可能性。这样一种研究乃是借快乐原则之名对现存现实原则作批判，是对普遍存在于人类生存的这两个方面之间的对抗关系作重新估价。

弗洛伊德坚持认为，在这两个原则之间，不可避免地要发生根本的冲突；但在对这种理论的阐述中，这种不可避免性似乎不是无可非议的。他指出，在文明中，这种冲突是由普遍的缺乏、生活窘迫和生存斗争引起并维持的（他后期的本能理论及其爱欲和死亡本能的概念并没有放弃这样一个论点：现在生活窘迫表现为有机生命本身所固有的缺乏和缺陷)。生存斗争之所以必然要求对本能作压抑性改变，主要是因为缺乏足够的手段和资源，以全面地、无痛苦地、不费吹灰之力地满足本能需要。如果确是如此，那么，生存斗争中压抑性的本能组织便源于某些外来因素，就是说，这些因素不是为本能的“本性”所固有的，而是来自某些本能发展的特定历史条件。但在弗洛伊德看来，这种区分是没有意义的，因为本能本身就是“历史性的”；[①]没有一种本能结构能“超出”历史结构。但是这不能取消作上述区分的必要性，除非是在历史结构本身内部作这种区分。这种历史结构似乎可分为两个层次：(1)属系发生的、生物的层次，这是动物性的人在与自然斗争中的发展；(2)社会的层次，这是文明个体和群体在相互斗争及与其环境斗争中的发展。这两个层次处于不断的、不可分割的相互作用之中，但是后一层次产生的因素相对第一个层次而言是外来的因素，因而具有不同的重要性和有效性(虽然在发展过程中；它们有可能“下降”到第一个层次上)：它们具有更大的相对性；它们可以发生更快的变化而不危及或扭转属的发展。在本能变化的起源上的这种差别乃是我们在压抑和额外压抑之间作出区分的根据；而额外压抑是在社会阶段产生并得到维持的。

① 弗洛伊德：《超越快乐原则》(纽约，1950年)，第47、49页。

弗洛伊德对人的本能结构中的历史因素了如指掌。在讨论作为幻觉的特殊历史形式的宗教时，他援引了一个于己不利的论证："既然人们很少服从合理的论证，而完全听凭其本能愿望的支配，那么为什么一个人还应当把一种满足本能的手段从这些愿望中去除，反而要让合理的论证取而代之呢?"他回答说："人们确实就是这样做的，但你们是否曾扪心自问一下：他们是否需要这样做、他们最内在的本性是否要求他们必须这样做?"[①]但弗洛伊德在本能理论中并没有根据这种历史区分得出任何根本的结论，却认为这两个层次具有同等的普遍有效性。对他的元心理学来说，各种抑制是由缺乏造成的还是由缺乏的不平均分配造成的，是由生存斗争造成的还是由统治的利益造成的，乃是无关紧要的。确实，属系发生的、生物的因素与社会的因素从有记录的文明史上看是携手并进的。但是它们的这种联合早已变得"不自然"了，现实原则对快乐原则的压迫性改变也同样如此。弗洛伊德一直认为不可能彻底解放快乐原则，这就意味着他假定，缺乏与统治一样，是永恒的，但这种假定的前提是很有疑问的。由于这种假定，外在的事实就获得了心理生活的固有(甚至是主要本能的固有)因素所具有的那种理论上的尊严。从漫长的文明过程来看，从弗洛伊德自己对本能发展的解释来看，这个假定都必须受到怀疑。必须认真考

① 弗洛伊德：《一种幻觉的未来》(纽约，1949 年)，第 81 页。

虑逐渐取消控制本能发展的历史可能性，甚至必要性——只有这样，文明才能发展到更高的自由阶段。

要从弗洛伊德的本能理论中推出对非压抑性文明的假定，就必须重新考察他对一些主要本能，及其目标和相互关系的看法。在这一点上，妨碍人们假定非压抑性文明存在的东西，似乎主要是死亡本能，因为这样一种本能的生存本身似乎就“必然地”产生了由文明制定的一整套压制和控制；先天的破坏性必然会产生永久的压抑。因此，我们的再考察必须从弗洛伊德对死亡本能的分析入手。

我们已经看到，在弗洛伊德的后期本能理论中，两种主要本能，即爱欲和死亡本能，共有“一种固存于有机生命中的迫切性，即要恢复一种早期的状态，这是一种在外部破坏力量的压制下曾为生命体被迫抛弃的状态”。[①]弗洛伊德认为这种回归趋向表现了有机生命中的“惰性”，并大胆作了这样的假设性解释：当生命从无生命物中产生时，出现了一种强烈的“张力”，年轻的有机体想努力回到那种无生命状况，以消除这种张力。[②]在有机生命的早期，通向先前的无机生存状态之路也许很短，死亡也许很容易，但外部的影响逐渐延长了这条道路，并迫使有机体走一条更漫长、更复杂的“死亡之路”。这

① 弗洛伊德：《超越快乐原则》，第 47 页。
② 同上书，第 50 页。

条“死亡之路”越漫长，越复杂，有机体就越有特色，越有力量，最后甚至可以征服全球，将世界作为自己的领地。然而，回到无机生命、变成“死的”事物，这种本能的原有目标却依然存在。正是在这里，在提出这个具有最深远意义的假设的时候，弗洛伊德才反复指出，外来因素决定了主要本能的发展，因为“在外部破坏力量的压制下”，有机体被迫放弃早期的状态；有机生命现象必须归因于外部的破坏性和偏移性影响；决定性的“外部影响发生了一种变化，迫使还幸存的实体更大规模地背离其原来的生命之途”[①]。如果有机体死于“某些内在的原因”，[②]那么死亡之路必定是由若干外在因素构成的。弗洛伊德假定，必须在“我们生活的地球史上，在地球与太阳的关系史上”，寻找这些因素。[③]然而，动物性的人的发展已经超出了地质史的范围；在自然史的基础上，人成了自己的历史的主体和客体。假如在一开始，对生命本能与死亡本能作实际的区分还是无足轻重的话，那么在动物性的人的历史上，它就开始成为历史过程本身的一个重要特征。第 89 页的图表也许可以说明弗洛伊德对本能的基本原动力的构想：

这个图表勾画了一个历史发展顺序：先是有机生命(第二、三阶段)的形成，其次是两个主要本能的形成(第五阶段)，

① 弗洛伊德：《超越快乐原则》，第 47、49、50 页。着重点是引者加的。
② 同上书，第 50 页。
③ 同上书，第 49 页。

最后是作为文明中人类本能的“变形”的构成(第六、七阶段)。第三阶段和第六阶段是转折点。它们都是由外来因素促成的，由于这样的因素，本能的明确形成及其以后的发展都成了“历史造成的”。在第三阶段，这种外来因素就是由于有机生命的诞生而造成的“尚未解除的张力”。生命比前一阶段更不能令人满意、更使人痛苦！这种经验便产生了死亡本能，成为通过倒退来消除这种张力的内驱力。因此死亡本能的活动就成了原始挫折(这里是由地质—生物事件造成的贫乏和痛苦)的创伤的结果。

| 第一阶段 | 第二、三阶段　第四阶段　第五阶段 | 第六阶段　第七阶段 |
| --- | --- | --- |
| | 快　乐　原　则 | 现　实　原　则<br>缺乏<br>生存斗争 |
| 无<br>机<br>物 | 生命的起源　张力的产生　倒退的强迫性<br>→ 爱　欲：生殖细胞的结合 → 性　欲：“有组织的”爱欲 升华，等等。 →<br>→ 回到无机物的内驱力 → 外在化和内在化的攻击 →<br>死亡本能；破坏冲动<br>涅　槃　原　则 | 群体的形成对人和自然的统治<br>道　德 |

然而，另一个转折点却不再是地质—生物的转折，而是在文明的曙光微露之时出现的。这里的外来因素是缺乏、有意识的生存斗争。它对性本能实行压抑性控制（首先是借助原始父亲的残酷暴力，接着是通过机构化和内在化），并将死亡本能转变成于社会有利的攻击和道德。这种本能组织（实际上是一个漫长的过程）创造了文明的劳动分工、进步、“法律和秩序”；但它也造成了导致爱欲不断削弱，从而导致攻击性和负罪感日益增长的一系列事件。我们已经看到，这种发展并不是生存斗争“固有的”，它只存在于压迫性组织中；而且在现阶段，对贫乏的可能征服使这场斗争越来越变得非理性化了。

但不管外部世界是贫乏还是富庶，难道在本能本身中就不存在使这种压抑性压制成为必要事物的非社会力量吗？这使我们再次回想起了弗洛伊德所说的本能的本性是“历史地造成的”一番话。因此，只要使本能获得这种本性的基本条件发生了变化，这个本性也会随之变化。诚然，就生存斗争仍是在缺乏和统治的框界内发生的而言，这些条件是没有变化的。但从消除它们的现实可能性看来，这些条件就会变得过时和“不自然”。在文明的开端与文明的现阶段之间存在着的差别远远大于文明的开端与本能获得本性之前的阶段之间的差别。这个事实可以说明文明的基础所发生变化的程度（虽然它的原则仍被保留着）。确实，直接受文明条件的变化影响的，只是已经形成的人类本能（性本能和攻击本能）。在弗洛伊德为生命体本身假定的生物—

地质条件下，不可能想象有这样的变化。生命的诞生仍然是一个创伤，因此涅槃原则的作用范围似乎是牢不可破的。但是死亡本能的派生物发生作用的一个必要条件是与生命本能融合；只要生命还在发展，前者就仍从属于后者。破坏本能能量的命运取决于力比多的命运。因此，性欲发展中的质的变化就必然地要改变死亡本能的诸种表现。

因此，必须首先证明，在成熟文明的条件下力比多有可能得到非压抑性的发展，这样才能使非压抑文明的假设具有理论上的有效性。那些在弗洛伊德看来本质上仍不受现实原则支配，并将这种自由转入成熟意识领域的心理力量，表明了力比多的非压抑性发展的方向。下一步必须对这些心理力量作重新考察。

# 第七章　幻想与乌托邦

在弗洛伊德理论中，与现实原则对立的心理力量的主要表现是降入无意识，并在无意识中发生作用。受“没有变形”的快乐原则支配的，只是最深层、最“古老”的无意识过程。这些过程对解释非压抑性心理、对这样一种解释的真理价值并不提供任何标准。但弗洛伊德单单挑出“幻想”作为一种甚至在发达的意识领域中仍能在很大程度上摆脱现实原则束缚的心理活动。我们来回顾一下他在《心理作用的两个原则》中所作的描述：

> 随着现实原则的引入，一种新的思维活动分离出来了，它不受现实的检验，因而只从属于快乐原则。这就是幻想的活动，它早在儿童游戏中已经开始出现，后来以白

日梦的形式继续存在，从而摆脱了对实在物体的依赖性。[①]

幻想在整个心理结构中具有举足轻重的作用。它把无意识的最深层次与意识的最高产物(艺术)相联系，把梦想与现实相联系；它保存了这个属的原形，即保存了持久的，但被压抑的集体记忆和个体记忆的观念，保存了被禁忌的自由形象。弗洛伊德确立了一种双重的联系，其一是在“性欲本能与幻想”之间的联系，其二是在“自我本能与意识活动”之间的联系。这种两分法，不仅从弗洛伊德抛弃了独立的自我本能的后期本能理论这一方面看，而且从把幻想结合入艺术的(甚至是正常的)意识之中这一方面看，都是站不住脚的。但幻想与性欲之间的密切关系对于幻想的功能来说，仍是至关重要的。

把幻想(想象)看做是一种具有自己的规律和真理价值的思想过程，这在心理学和哲学中已是屡见不鲜了。弗洛伊德的创造性贡献在于，他企图揭示这种思想方式的发生及其与快乐原则的本质联系。现实原则的确立导致了心灵的分化和破损，而这又不幸决定了现实原则的全部发展。先前统一于快乐自我中的心理过程现在分裂了。其主流被导入现实原则领域，并且与现实原则的要求相符。在这样的条件下，这部分心灵获得了解

① 《弗洛伊德选集》(伦敦，1950年)，第四卷，第16—17页。

释、操纵和改变现实的垄断权，支配记忆与忘却，甚至确定什么是现实以及应当怎样运用和改变现实的垄断权。心理机制的另一部分则仍不受现实原则控制，其代价是变得软弱无力、微不足道和虚无缥缈。先前，自我受其全部心理能量的指导和推动，而现在，它却只受与现实原则相符的那部分能量的指导。这个部分，而且惟有这个部分，将确定自我的目标、规范和价值；作为理性，它成了判断、真理和合理性的惟一源泉，它决定着利弊善恶。[①]把快乐自我组织成现实自我，这一方面产生了作为一种独立的心理过程的幻想，另一方面又将这种幻想置之脑后。理性占了上风；它虽不能令人愉快，但却是有用的、正确的；幻想诚然使人心情愉悦，但却是没用的、不真的。它纯粹是一个游戏、一场白日梦。因此，它继续为快乐原则、为摆脱压抑、为无抑制的欲望和满足服务。但现实却在按照不再听命于梦想的理性规律向前发展。

然而，幻想(想象)仍保留着在被现实组织起来之前的、在变成与其他个体相对立的“个体”之前所具有的精神结构和倾向。由于同样的原因，想象同它依然从属的本我一样，仍然保存着对前历史的过去的记忆。那时，个体的生命就是属的生命，它呈现出在快乐原则支配下的普遍与特殊的直接同一的形

① 在这种意义上，理性与传统理论心理学中的理性机能即理智不是一回事。这里，理性一词指的是心灵中受到现实原则控制的那个部分，因此它包括那部分组织起来的“营养”、“感觉”和“欲求”机能。

象。相反，人类以后全部历史的特征就是这种原初同一的破坏。自我虽然既能作为独立的个别有机体，又能作为一代代人中的一个成员，但这两方面发生了冲突。[①]属生存于个体与个体之间、生活于个体与其世界之间的有意识的、不断更新的冲突之中。在操作原则下的进步也是通过这些冲突取得的。由这种现实原则实施的个体化原则导致了对主要本能的压抑性利用，这些本能只要能存在一天，就力图取消个体化原则，尽管它们由于恰恰被自己的能量所维持的进步而始终不能如愿以偿。在这一努力中，两种本能都被征服了。在具有对抗性的个体化原则的世界上，想象保持了与属、与“古老的”过去相联系的完整个体的要求，从而与这个世界发生对抗。

这里，弗洛伊德的元心理学恢复了想象的应有权利。幻想，作为一种基本的、独立的心理过程，有它自己的、符合它自己的经验的真理价值，这就是超越对抗性的人类实在。在想象中，个体与整体、欲望与实现、幸福与理性得到了调和。虽然现存的现实原则使这种和谐成为乌托邦，但是幻想坚持认为，这种和谐必须而且可以成为现实，幻觉的基础是知识。想象的真理最初是在幻觉形成的时候被认识到的，是在创造一个知觉和理解的世界、一个既主观又客观的世界的时候被认识到的。这是在**艺术**中发生的情况。因此对幻觉的认识功能的分析

① 弗洛伊德：《精神分析引论》(纽约，1943 年)，第 359 页。

产生了作为“审美科学”的美学。美学形式的背后乃是美感与理性的被压抑的和谐，是对统治逻辑组织生活的持久抗议，是对操作原则的批判。

不仅在个体层次上，而且在属的历史的层次上，艺术也许都是最显而易见的“被压抑物的回归”。艺术想象形成了对没有成功的解放、被抛弃的诺言的无意识记忆。在操作原则统治下，艺术使“作为自由主体的人的形象与制度化的压抑相对抗，但在一种非自由状态中，艺术只能通过否定非自由来维持自由的形象”。[①]自从自由意识觉醒以来，真正的艺术品无不揭示了这种原型的内容，即否定非自由。后面我们将弄清楚，这种内容怎么会具有审美形式并受审美原则支配的。[②]作为美学现象，艺术的批判功能将弄巧成拙。艺术对形式的依附性本身，恰恰使艺术中对非自由的否定成为徒劳之举。为了否定非自由，就必须在类似于现实的艺术品中表现这种非自由。这种类似(象征)的因素必然使被表象的现实从属于审美标准，从而使它失去恐怖因素。而且艺术品的形式赋予其内容以快乐的性质。风格、节奏、韵律引进了一种本身令人愉快的审美秩序，因为它与内容一致。不管艺术品具有何等的悲剧色彩，具有多么不能通融、享受，甚至娱乐的审美性质，都与艺术的本质密

---

① 特奥多尔·W·阿道诺：《逝去的音乐》，载《月报》，第五卷(1953 年)，第 182 页。

② 参见本书第九章。

切相关。亚里士多德关于艺术具有激发热情作用的思想概括了艺术的双重功能：对抗和调和、控告和赦免，唤起被压抑物与重新施加压抑即“净化”。人们手捧经典著作感到欢欣鼓舞，因为他们读到、看到和听到了自己原来经历过的起义、胜利、中止和灭亡。由于所有这些都是从审美方面形成的，人们就能享受它，然后再忘掉它。

而且，在审美形式中，艺术还表达了（虽然是模棱两可地表达了）被压抑的解放形象的回归。艺术就是反抗。但在现阶段，在这个全民皆兵的时期，甚至这种高度模棱两可的对抗似乎也不再能够存在下去了。只是在艺术自我取消的地方，在它通过否定其传统形式从而否定调和来拯救其内容的地方，即在它变得超现实、变得单调的地方，艺术才得于幸存。[①]而在其他地方，艺术则与所有真正的人类交流具有共同的命运：死亡。卡尔·克劳斯在法西斯主义时期之初所写的那句话仍不失其真实性：

> 世界醒来之日，便是语言逝去之时。

幻想对现实原则的较不升华的反抗，在像梦、白日梦、游戏、“意识流”这样的潜现实和超现实过程中，更加自在。在

---

① 特奥多尔·W·阿道诺：《新音乐哲学》（蒂宾根，1949 年）。

最极端地要求一种超出现实原则的满足时，幻想取消了现存的个体化原则本身。幻想之所以服从主要本能——爱欲的原因也许就在这里，因为性欲是“生命有机体具有的、能够超越个体而确保其与种的联系的惟一的功能”。[①]就性欲受现实原则的组织和控制而言，幻想主要为了防御正常性欲(我们先前曾讨论过幻想与反常的类似性)。[②]但幻想中的爱欲因素却不仅仅是反常表现。它的目标是“爱欲的现实”，这里，生命本能满足于一种无压抑的实现。这是反抗现实原则的幻想过程的最高内容；由于这种内容，幻想在心理原动力中起着一种独特的作用。

弗洛伊德也承认这种作用，但在这一点上，他的元心理学发生了一个重大转折。一种不同形式的现实的形象成了某一基本心理过程的真理；这种形象包含了已经丧失的普遍与特殊的统一，包含了由快乐原则与现实原则的和解而导致的生命本能的完整满足。由于这种形象属于超越了个体性原则的人类，其真理价值也得到了提高。但在弗洛伊德看来，这种形象所能唤起的，仅仅是属和个体在一切文明之前的前历史的过去。由于文明发展的惟一途径就是破坏快乐原则与现实原则之间的前历史的统一，这种印象就必定仍隐藏于无意识之中，因而想象就

① 弗洛伊德：《精神分析引论》，第358页。

② 参见本书第二章。

必定成为纯粹的幻想、儿童游戏和白日梦。意识所经历的从原始部落到越来越高级的文明形式的漫长道路是不能逆转的。弗洛伊德的结论排除了“理想”自然状态的观念。但他的结论把文明的某一种特定历史**形式**假定为文明的**本性**，虽然他自己的理论还不能证明这个结论。从操作原则的历史必然性中，从它超越了历史必然性的持久性中，无法断定在另一种现实原则下的另一种文明形式是不可能的。根据弗洛伊德理论，无压抑属于无意识的、前历史，甚至前人类的过去的东西，属于原始的生物过程和心理过程的东西。因此，关于一种非压抑性现实原则的思想就是一个回归问题。认为这样一种原则也能自动成为一个历史的现实、成为发展中的意识的事情，认为幻想的图像可以指未被征服的人类的未来，而不是其已被完全征服了的过去，这些在弗洛伊德看来，至多也只是美好的乌托邦而已。

将对想象的真理价值的发现误用于倒退倾向，这种危险在卡尔·荣格的著作中得到了例证。他比弗洛伊德更强调想象的认识作用。在荣格看来，想象与所有其他心理功能都“不可区分地”联系在一起；它“是一切能力的综合，这种综合有时好像是最原始的，有时又好像是最高的、最大胆的”。幻想首先是一种“创造活动，一切问题，凡是可以回答的，均可由此找到答案”；它是“一切可能性之母，内部世界与外部世界的所有心理对立和冲突均可于此得到统一”。在主体的与客体的、内倾的与外倾的要求之间，存在着不可调和的矛盾，而幻想始终是它们之间的桥梁。[①]这样，想象同时具有的回顾与展望的特性就得到了明确的表达：它不仅回顾一个土著的金色的过去，而且也展望一切尚未实现，但可以实现的可能性。但就是在其早期著作中，荣格就已在强调想象的回顾的，因而是“幻想”的性质了：梦想退向记忆的原始材料；“它是一种向原有知觉的回归”。[②]在荣格心理学的发展中，其蒙昧主义的、反动的倾向逐渐占了上风，从而取消了弗洛伊德元心理学中的批判性洞见。[③]

想象的真理价值不仅与过去，而且与未来有关，因为它所祈求的自由和幸福的形式要求提供历史的现实。它所以认为现实原则对自由和幸福的限制是可以取消的，它所以不想忘记可能存在的东西，是由于幻想的批判功能：

使想象屈服(即使一个人的所谓幸福危若累卵)，也就

① 荣格：《心理类型》(纽约，1926年)，第69页。
② 荣格：《无意识心理学》(伦敦，1951年)，第13—14页。
③ 爱德华·格洛弗做了出色的分析，我们已经没有必要进一步讨论荣格的工作了。参见他的《弗洛伊德还是荣格》(纽约，1950年)。

是使人们在其最公正的内在自我中发现的一切受到侵犯。只有想象告诉我们**可能存在**的东西。[1]

超现实主义者也承认弗洛伊德的发现具有革命意义："想象也许将收回它的权利。"[2]但当他们问，"难道不能也用梦来解决基本的生命问题吗"时[3]，他们要求使梦成为现实，而又完全保持梦的内容，在这一点上，他们已超出了精神分析。艺术使自己具有革命的性质。坚信想象具有严格的真理价值就可以更充分地理解现实。根据事实的实际组织，艺术想象的命题是不真的，但这一点正是其真实性的本质：

"某些有关实际状况的命题不真"这个真理可以表达有关艺术成就的重要真理。它表达了它的首要特征——"伟大的拒绝"。[4]

这个伟大的拒绝就是对不必要压抑的抗议，就是争取最高自由形式，即"无忧无虑的生活"[5]的斗争。但只有用艺术语言

---

① 安德烈·布雷东：《超现实主义宣言》（巴黎，1946年），第15页。这是第一个宣言（1924年）。

② 同上书，第25页。

③ 同上书，第26页。

④ A·N·怀特海：《科学与近代世界》（纽约，1926年），第228页。

⑤ 特奥多尔·W·阿道诺：《瓦格纳研究》（柏林—法兰克福，1952年），第198页。

才能平安无事地表达这个思想。而在政治理论甚至哲学的较为现实的背景中，它几乎被普遍地指责为乌托邦。

使真实的可能性降格到虚无缥缈的乌托邦世界，这本身就是操作原则的意识形态的一个重要因素。如果非压抑性本能发展的构造的定向不是依据前历史的过去，而是依据今天已成熟的历史文明，那么这个乌托邦概念本身就没有什么意义了。对操作原则的否定与有意识合理性的进步不是相对抗而是相适应的。最成熟的文明是这种否定的前提。正是操作原则所取得的成就，致使人的古老的无意识和有意识过程同他的实际可能性之间发生脱节。人类历史似乎正走向本能变迁的另一个转折点。而且，正如前一个转折点一样，古老心理结构同新的环境的适应将意味着另一场“大灾难”，即环境本身发生的一个破坏性变化。但是根据弗洛伊德的假设，第一个转折点是地质史上的一个事件，第二个转折点发生在文明之初，而第三个转折点则处于文明达到的最高水平。这个事件中的主角将不再是历史上的动物性的人，而是有意识的理性主体，他控制并利用着客观世界，将它作为实现自己的舞台。在弗洛伊德看来，缺乏为压抑性现实原则提供了理论根据。当这种缺乏的基础由于文明的进步而受到损害时，弗洛伊德本能理论中的历史因素就在历史中兑现了。

有人认为，尽管取得了进步，缺乏和不成熟的程度仍很严重，这足以阻碍“按需分配”原则的实现。这个看法是有道理的。文明的物质资源和心理资源仍很有限，因此如果社会生产重新以普遍满足个体需要为目标的话，就必须实行一种广泛的低生活标准。因为如果大家都想过一种符合人性的生活，许多人就不得不放弃被操纵的舒适品。另外，工业文明现行的国际结构似乎也使这样一种想法显得滑稽可笑。尽管如此，在理论上仍可有效地坚持认为：操作原则已经过时了。快乐与现实原则的和解并不以大家富有为条件。惟一适当的问题是，是否可以合理地想象这样一种文明状态，人类需要在其中得到满足的方式和程度使得额外压抑可以被消除。

可以合理地假定，在两个阶段上存在着这样一种假设的状态，它们位于本能变迁的对立的两极。一个是历史的原始开端，一个是历史的最成熟阶段。第一个阶段指的是一种缺乏的非压迫性分配(例如可能曾存在于母权制的古代社会中的状况)。第二个阶段则是在征服了缺乏以后，对一种充分发达的工业社会的合理组织。在这两种条件下，本能的变迁当然是很不同的，但有一个重要特征则为它们所共有：本能发展是非压抑性的，就是说，本能至少不承受为统治利益所必要的额外压抑。这种性质反映了对人类性欲的和社会的基本需要即衣着、饮食、居住、闲暇的普遍满足。这些需要在第一阶段是最原始的，而在第二阶段则大大地扩展和改善了。它们的普遍满足将**无需苦役**(这一点很重要)，就是说，人类生存不受异化劳动的支配。在原始条件下之所以尚未出现异化，是由于需要本身的原始性；是由于劳动分工的初步性(这是指人格方面或性欲方面的)；是由于没有一种对功能的机构化的等级制划分。而在成熟工业文明的“理想”条件下，劳动全部实现了自动化，劳动时间减少到了最低限度，劳动机能可以相互交换，所有这些便结束了异化状态。

由于工作日的长度本身就是现实原则对快乐原则施加的主要压抑性因素之一，所以自由的第一个先决条件就是缩短工作日，使得纯粹的劳动时间量不再阻止人类的发展。这种缩短本身差不多确定无疑地意味着今天在大多数工业发达国家普遍的生活标准的大幅度降低。操作原则的崩溃重新导致生活标准的降低，但这种倒退并不妨碍自由的进步。

显然，认为解放取决于较高生活标准的论点有助于证明永久压抑的合理性。根据汽车、电视机、飞机、牵引机等来限定生活标准乃是对操作原则本身的规定。不受这种原则支配的生活水平则须以其他标准来衡量，如基本人类需要的普遍满足，摆脱一切外部的和内在的、“理性的”和本能的负罪感和恐惧感。“真正的文明不在于煤气、蒸汽和转盘，而在于消除原罪的痕迹”，[①]这就是不受操作原则支配的进步的定义。

在最适当的条件下，成熟文明中优厚的物质财富和精神财

---

① 波德莱尔：《我们袒露的心》，载《遗著》，第二卷(巴黎，1952 年)，第 109 页。

富将使人的需要得到无痛苦的满足，而统治再也不能按部就班地阻止这样的满足了。在这种情况下，可供转入必要劳动(先后被完全机械化和理性化的必要劳动)的本能能量的量将微乎其微，这使得大量不再由外部力量维持的压抑性压制和变化都土崩瓦解。因而，快乐原则与现实原则之间的对抗关系也将朝着有利于快乐原则的方向发生变化。爱欲，即爱本能将得到前所未有的解放。

我们是否由此可以认为，文明将会爆炸并回复到前历史的原始状态，个体则由于可资利用的满足手段及其能力已消耗殆尽而与世相辞，而且要求与压抑的缺乏也将使可以推进更高水平、更大规模的物质生产和精神生产的所有能量渐渐枯竭，弗洛伊德的回答是肯定的。这个回答的依据是一些他多少加以默认的假定：自由的力比多关系本质上是与工作关系相冲突的；为了建立工作关系，就必须从力比多关系中收回能量；只有不存在充分的满足，工作的社会组织才能维持。即使是在一个合理的社会组织的最合适的条件下，人类需要的满足也还要求劳动，而且这个事实就要求对本能实行量的和质的限制，从而要求推行大量的社会禁忌。文明，不管多么富庶，总是依赖于稳定的、有条不紊的工作，从而也依赖于延缓令人不快的满足。由于主要本能的本性就是要反抗这样的延迟，因此所有文明的一个必要条件就是要对这些本能作压抑性的改变。

为了驳斥这个论点，我们不得不表明，可以不无道理地把弗洛伊德在“本能压抑——于社会有用的劳动——文明”这三者之间的相互关系转变成“本能解放——于社会有用的工作——文明”这样的相互关系。我们曾经表明，现行的本能压抑主要不是产生于劳动之必要，而是导源于由统治利益实行的特定的社会劳动组织，就是说，压抑基本上是额外压抑。因此，消除额外压抑本身将导致使人类生存成为劳动工具的社会组织，而不是导致劳动的消除。如果确是如此，那么，一种非压抑性的现实原则的出现就将改变而不是破坏劳动的社会组织，因为爱欲的解放可以创造新的、持久的工作关系。

对这个假设的讨论一开始就遇到了现代文化中受到最严格保护的价值标准之一，这就是生产率。这个观念也许比任何其他观念更多地表达了现代工业文明中的生存态度。在用不断超越的自我对主体所下的哲学定义中，也渗透了这个观念。评价一个人的依据是其创造、增加和改善于社会有用的物品的能力。因此生产率表明了控制和改造自然的程度，即有控制的技术环境逐渐替代无控制的自然环境。但是，劳动分工对现存设施而不是对个体的利益考虑得越多，换言之，社会需要与个体需要偏离越大，生产率就越有可能与快乐原则发生冲突，就越有可能成为自在的目的。生产率这个词本身也就带有压抑和对压抑的庸俗赞美的意思，因为它所表达的是对休闲、放纵和伸手的愤愤不平的诽谤，是对身心的低级要求的征服，是外倾的理性对本能的制服。因此效率与压抑紧密相连：提高劳动生产率成了资本主义和斯大林主义共有的斯达汉诺夫主义的神圣不可侵犯的理想。这种对生产率的看法具有历史的局限性，而这也恰恰就是操作原则的历史局限性。超出这个范围，生产率就有了另外一种内容，与快乐原则建立了另外一种关系。想象过程预见到了这一点。想象过程在坚持一种**新的**现实原则的要求时，保持不受操作原则的支配。

想象的乌托邦要求已经充满了历史的现实性。假如操作原则的成就超出了其机构的控制范围，它们就会妨碍生产率的方向，即使人不屈从于自己的劳动。一旦摆脱了这种奴役状况，生产率就会失去其压抑性力量，从而促进个体需要的自由发展。这种进步方向所发生的变化不啻是完全重新组织作为进步前提的社会劳动。物质生产不管组织得多么公正，多么合理，它决不是自由和满足的王国。但它为人类机能在异化劳动领域**之外**的自由消遣提供了时间和能量。异化劳动愈烈，自由的潜能就愈大：完全的自动化就是最佳状态。正是劳动以外的领域规定着自由和实现。正是根据这个领域对人类生存所作的规定构成了对操作原则的否定。这种否定取消了统治的合理性，从而有意识地取消了由这种合理性规定的世界的现实性，并根据满足的合理性重新规定这个世界。虽然进步方向的这样一个历史转折只是在操作原则的成就和潜能的基础上才可能发生，它还是完全地改变了人类生存。包括工作世界和人同自然的斗争。要超越操作原则，不是用更多的沉思、更多的安逸来改善和补充现存的生存，不是宣传和实行“更高的价值标准”，不是使人本身及其生命升华。这些观念都属于操作原则本身的文化背景。悲叹“全部工作”的堕落作用，即提倡赞赏现世和来世的一切美好和善良的事物，这本身就是压抑性的，因为它使人与被它弃之一旁和贬入尘世的工作世界和解。而且它正是通过把人们的努力从培植和维持压抑的那个领域转移开来才达到维持压抑这个目的的。

超出了操作原则，它的生产率就和它的文化准则一样也失效了。于是生存斗争获得了新的基础和新的目标，它成了步调一致的斗争，它反对给人的机能的自由消遣施加任何压制、反对苦役、反对疾病和反对死亡。而且，虽然伴随操作原则的统治还有一种相应的对本能原动力的控制，生存斗争的重新定向仍将导致这种原动力发生重要的变化。事实上，这样一种变化还是维持进步的先决条件。我们现在试图表明，这变化将影响精神的结构，改变爱欲与死欲之间的平衡，恢复被禁忌的满足领域和抑制本能的保守倾向。对存在的一种新的基本经验将使人类生存变得面目全非。

# 第八章　俄耳浦斯[1]和那喀索斯[2]形象

严格地说，企图在理论上构造一种超越操作原则的文化的做法是“不合理的”。理性就是操作原则的合理性。这一原则的制度化乃是在西方文明形成以后很久才出现的事情，但即使是在这个文明之初，理性也已被看做是压制本能的工具；本能、感性领域被看做始终对立于理性，有害于理性的。[3]哲学用来理解人类生存的范畴也保存了理性与遏制之间的这种联系：凡属于感性、快乐、冲动领域的东西都意味着是与理性相对抗的，是必须予以征服和压制的东西。日常语言也保存了这种评价，因为用于这个领域的语词都带有说教或猥亵的语调。从柏拉图到现代世界，有关“黄色作品”的法律，[4]对快乐原则的毁誉一直具有势不可挡的力量。而对这种毁誉的反抗则很容易显得滑稽可笑。

压抑性的理性统治，无论理论上还是实践上，都从来不是完全的，它对认识的专断也从来不是没有争议的。当弗洛伊德强调幻想(想象)保留了一个与理性不符的真理这个基本事实的时候，他遵循的是一个具有悠久历史的传统。幻想具有认识的性质，因为它保存了那个“伟大的拒绝”的真理，或者，从正面来说，因为它不顾一切理性的作用而保护了受理性压抑的、人和自然要求全面实现的欲望。在幻想领域，不合理的自由形象变得合理了，“低级”的本能满足获得了一种新的尊严。在被想象保存在民间传说、神话故事和文学艺术中的陌生的真理面前，操作原则的文化也退却了。这些真理都获得了恰当的解释，而且无论是在普通人中还是在学术界，都站稳了脚跟。但是要想从这些真理中导出一个有效的、超越了现行现实原则的现实原则的内容，则是完全不合逻辑的。诺瓦利斯说：“所有内部的与外部的机能和力量都必定是从生产性想象中导出的。”⑤这种说法，同超现实主义者经常使用的作诗方法一样，

---

① 俄耳浦斯，希腊神话中的色雷斯歌手和诗人，河神奥阿格罗斯之子。据传说他是同性恋的形象。——编者

② 那喀索斯，希腊神话中的美少年，他只爱自己，不爱别人。爱人阿佛洛狄忒惩罚他，使他爱恋自己在水中的倒影，最后憔悴而死。后人把他视作自恋的形象。——编者

③ 参见本书第五章。

④ 纽约联合立法委员会关于连环画册有一个提案：禁止出售和散布有“裸体、性、色情的描写因而可能激起人们性欲的书籍”（《纽约时报》，1954 年 2 月 17 日）。

⑤ J · 米诺尔编：《文集》(耶拿，1923 年)，第三卷，第 375 页。参见加斯东 · 巴歇拉尔编：《幻想与希望之乐土》(巴黎，1948 年)，第 4—5 页。

仍是难于理解的。若坚持认为想象为生存态度、为实践、为历史的可能性提供了标准，这显然是幼稚的幻想。人所接受的只是原型、只是象征，而且在解释其意义时所根据的，通常不是成熟的个体和文化，而是早被超越了的属系发生史或个体发生史上的阶段。我们现在将努力辨认其中的某些象征并审度其历史的真理价值。

我们特别要寻找那些“文化英雄”，他们一直存在于象征着那些曾决定了人类命运的行为和态度的想象中。在这里，我们一开始遇到的事实是，主要的文化英雄乃是魔术师，是对诸神的(苦难的)反抗者，他以持久的痛苦为代价创造了文化。他象征着生产这种不懈地支配生命的努力。但在他的生产中，幸事和灾祸、进步和苦役被不可分割地结合在一起。普罗米修斯便是操作原则的英雄原型。在普罗米修斯的世界里，潘多拉、女性原则、性欲和快乐都成了灾祸，是分裂和破坏性的。“为什么女人是这样一种灾祸？赫西俄德在其论述普罗米修斯的一节诗的最后部分讨论了性的克制。这种性的克制首先强调的是，女人经济上的非生产性，女人是废物，女人是穷人预算表上的一项奢侈的支出。”[①]女人的丽质及其提供的幸福在文明的工作世界中极其重要。

---

① 诺曼·O·布朗：《赫西俄德的神统诗》(纽约，1953 年)，第 18—19 页；第 33 页；另见其《窃贼赫耳墨斯》(威斯康星大学出版社，1947 年)，第 23 页及以下。

假如普罗米修斯是苦役、生产和由压抑而进步的文化英雄，那么另一种现实原则的象征就必须到其对立的另一极中去寻找。俄耳浦斯和那喀索斯（作为认可统治逻辑即理性王国的神的对抗者，它们与其相似的狄俄尼索斯一样）代表着一种很不相同的现实。[①]它们没有成为西方世界的文化英雄。它们的形象是快乐和实现；它们的声音是歌唱而不是命令；它们的姿态是供给和接受；它们的行为是创造和平和废除劳动；它们的解放是从使人与神、人与自然结合起来的时间中的解放。文学保存了它们的形象。在《致俄耳浦斯的诗》中：

好像是个少女，她微笑着走来
从欢歌和琴声的幸福里。
清晰地透过其青春的面纱
她在我印象里安放眠床。
安眠在我心中，万物都在她的安眠中：
我惊起的林木，
感觉的远方，茂密的草地
还有降临于我的每一个惊叹。
世界在她那里安眠。欢唱的神，

① 但此处所用的那喀索斯象征和“那喀索斯的”一词与它们在弗洛伊德理论中的意义有所不同。

怎么使她完全地不求
觉醒？她诞生，她安眠，
哪里是她的尽头？[①]

或者是那喀索斯，他在水之镜中，竭力要看清自己的美貌。在时间之河中，所有形式都转瞬即逝。他俯身对着这条时间之河梦想着：

哎呀！时间什么时候将停止飞行，允许这股潮流停息。形式，神圣而又永恒的形式，它等待休息，只是为了再现！唉！什么时候、在哪个晚上，你将再现？

天堂必须永远重建。它并不在某个遥远的极地；它常常在一种幽灵的名义下徘徊。万物都将其存在的最本质和谐作为潜能包含于自身。例如每粒盐都在自身包含着它的晶体原型。当水奔流而下，日见湍急之时，一个静默的夜晚即将来临；于是在渺无人迹的深渊，神秘的晶体也会开花……万物都在追求它失去的形式。[②]

在我听到希望的地方，周围却是一片沉寂。泉水的声

① 赖纳马里亚·里尔克：《致俄耳浦斯的诗》（纽约，1945年），第3页。
② 安德烈·纪德：《那喀索斯的性格》。

音在谈论、改变着夜晚；在神圣的幽灵中，我听到银色的野草在生长；多变的月光深深地照见了已被灭绝的喷泉的奥秘。[①]

赞美那喀索斯向水中之镜的永恒回归，水中之镜为他的情人提供他的形象，为他的美人提供他的知识。我的全部命运就是服从我的情人的力量。肉体，我佩服您的独特力量；在我伸开双臂的地方，静静的河水在等着我：我不禁完全发疯了。啊，我的美人，我能做一些您所不愿做的事情吗？[②]

这种语言的气氛表明了原罪迹象在减少，它是对基于苦役、统治和克制的文化的反抗。俄耳浦斯和那喀索斯的形象调和了爱欲与死欲的关系。它们使人想起了关于一个不是等待支配和控制，而是等待解放的世界的经验，关于一种即将解放爱欲力量的自由的经验，这种力量目前正困囿于被压抑、被僵化的人和自然中。不应当把这种力量看做是破坏性的、恐怖的，而应看做是和平的、美好的。为了确定这种力量所涉及的范围，只需列举若干集合的形象就够了：快乐的恢复、时间的停

---

① 保罗·瓦莱里：《那喀索斯的话》。
② 保罗·瓦莱里：《那喀索斯之歌》。

止、死亡的同化、沉默、睡眠、夜晚、天堂——不是作为死亡而是作为生命的涅槃原则。波德莱尔提供了这样一个世界的形象：

到处都是秩序、美妙、安逸、幽静和美感。

也许只是在这里，秩序一词才失去了其压抑性的含义。因为这是自由的爱欲所创造的满足的秩序。静态压倒了动态；但这是一种以其自身的完满性而运动的静态，是美感、游戏和歌唱的生产力。想对这种形象加以认真设计的企图都是于己无补的，因为倘用非艺术语言来表达，这种形象的意义就会发生变化，并与它们在压抑性的现实原则下获得的意义重合。但我们必须努力追溯它们所指的种种实在。

较之普罗米修斯文化英雄的形象，俄耳浦斯和那喀索斯世界的形象本质上是不实在、不现实的。它们代表了一种“不可能”的态度和存在。而且，也不可能有文化英雄的行为，因为它们是非自然的、超人类的、不可思议的。但它们的目标和“意义”并不违反现实。相反，它们是有用的。它们促进、加强而不是破坏这个现实。然而，俄耳浦斯—那喀索斯形象确会破坏这种现实；它们并不表示一种“生活方式”；它们所诉诸的是地狱和死亡。它们至多是某种对灵魂和内心来说富有诗意的东西。但它们并不给人以任何“教训”，也许除非是这样一种否定的教训：人不能战胜死亡，不能在对美的赞赏中忘记和拒绝生活的召唤。

这样的道德训条被强加在很不相同的内容上。俄耳浦斯和那喀索斯，同普罗米修斯和赫耳墨斯一样，象征着现实。树木和动物响应着俄耳浦斯的语言；而清泉和森林则反映着那喀索斯的欲望。俄耳浦斯和那喀索斯的爱欲唤醒并解放了真实地存在于有生命体与无生命体、有机界与无机界中的潜能——但这是些在被遏制的非爱欲现实中才真实地存在的潜能。这些潜能确定了为这些事物所固有的目标："像他们现在存在的那样存在"、"此在"、生存。

俄耳浦斯和那喀索斯对世界的经验否定了那种维系着操作原则世界的东西。人与自然，主体与客体之间的对立被克服了。存在被看做是满足，它把人与自然统一了起来，人的实现同时也直接是自然的实现。在人们谈论爱慕和关心的同时，鲜花、清泉、动物都体现了其自身的样子——美，这不只是对那些谈论和推崇它们的人来说的美，而且是自为的、"客观的"美。"世界正在趋向于美"[①]在俄耳浦斯和那喀索斯的爱欲中，这种趋向得到了解放，自然物能够自由地成为它们所是的东西。但要做到这一点，必须取决于爱欲态度。只是在这种爱欲

① 加斯东·巴歇拉尔：《水和梦》（巴黎，1942 年），第 36 页。另见若阿番·加斯凯的说法："世界是一个正在沉睡的巨大的那喀索斯。"

态度中，它们才获得自身的目标。俄耳浦斯之歌平定了动物世界，和解了羔羊与雄狮、雄狮与人类之间的关系。自然界与人类世界一样是压迫的、残忍的、痛苦的，因此一样有待于解放。这个解放就是爱欲的工作。俄耳浦斯之歌打破了僵化，推动了森林和岩石，使它们分享快乐。

那喀索斯之爱得到了自然的响应。确实，那喀索斯似乎是爱欲的对头：他蔑视爱、蔑视这种与其他人相结合的爱，因此受到了爱欲的惩罚。[①]作为爱欲的对头，那喀索斯象征着睡眠和死亡，沉默和休息。[②]在色雷斯，他与狄俄尼索斯关系密切。[③]但那喀索斯形象并没有冷酷、禁欲和自爱的色彩。保存在文学艺术中的，并不是那喀索斯的这些表现。他的沉默不是绝对僵化的沉默，而且当他蔑视猎人和仙女之爱时，他就在为一种爱欲而拒绝了另一种爱欲。他靠他自己的爱欲生活，[④]而

---

① 弗里德里希·维泽勒：《那喀索斯》（格丁根，1856年），第90、94页。

② 同上书，第76，80—83，93—94页。

③ 同上书，第89页。在俄耳浦斯神话中，那喀索斯和狄俄尼索斯被同化了（如果没有被完全等同的话）。巨人们抓住了扎格柔斯-狄俄尼索斯，当时他正在对着巨人们给他的镜子欣赏着自己的形象。古代传统（普罗提诺与普罗克洛）认为，镜象摹本乃是上帝在众多的现象世界上自我显现之发轫。这个过程的最后象征是神被巨人抛弃并为宙斯再生。因此这个神话表达了被分离的东西即上帝与世界、人与自然的重聚，表达了一与多的同一。参见欧文·罗德：《精神》（弗莱堡，1898年），第二部分，注117；奥托·克恩：《俄耳浦斯》（柏林，1920年），第22—23页；伊凡·M·林福斯：《俄耳浦斯艺术》（加利福尼亚大学出版社，1941年），第307页及以下。

④ 最形象地说，那喀索斯是爱神丘比特的可悲的、但并不可怕的伴侣，参见维泽勒：《那喀索斯》，第16—17页。

且他不只是爱自己(他不知道他欣赏的形象正是他自己的形象)。如果他的爱欲态度类似死亡并导致死亡，那么休息、沉寂和死亡便没有被痛苦地分离和区分开来：涅槃原则统治着所有这些阶段。在死亡之后，他还将作为一朵以那喀索斯命名的鲜花而继续绽放。

在把那喀索斯与俄耳浦斯结合起来，并认为它们都象征着一种对现实的非压抑性的爱欲态度时，我们的那喀索斯形象来自神话——艺术的传统，而不是弗洛伊德的力比多理论。但我们现在可以在弗洛伊德的原始自恋概念中，为我们的解释找到某些根据。很重要的一点是，把自恋引入精神分析标志着本能理论发展的一个转折点：一个还没有分为自我和外部对象的、未分化的、统一的力比多概念动摇并代替了对独立的自我本能(自我保存本能)的假定。[①]确实，原始自恋的发现不只是为力比多的发展增加了另一个阶段；随着这一发现还出现了对现实的另一种生存关系的原型。原始自恋不只是自发爱欲；它吞没了“环境”，从而使自恋的自我与客观世界融为一体。自我与外部现实之间正常的对抗关系不过是自我与现实关系的较晚出现的形式和较迟发展的阶段：

> 自我一开始囊括万物，后来才从外部世界脱离出来。

① 参见本书第二章。

因此我们现在意识到的自我感觉只是一种远为广泛的感情——一种包容天宇并表达了自我与外部世界的不可分割的联系的感情——的残存痕迹。[①]

原始自恋概念也暗示了《文明及其不满》第一章中所澄清的观点：自恋不仅作为一种神经症疾病，而且作为现实构造中的一个组成部分存在下来，它是与成熟的现实自我共存的。弗洛伊德认为这种保存下来的原始自我感觉的“观念化内容”广阔无垠，与宇宙浑然一体(是一种海洋般广阔的感觉)。[②]而且，后来在同一章中，他还暗示，这种海洋般广阔的感觉企图恢复“无限的自恋”。[③]通常被看做是利己主义地摆脱现实的自恋，在此却与宇宙浑然一体，这个明显的悖论表明了这个概念的一种新的深刻含义；自恋超出了所有非成熟的自发爱欲，它还表示一种与现实之间具有的根本关系，这是可以产生一个全面的生存秩序的关系。[④]换言之，自恋可能包含着一种不同的现实原

---

① 弗洛伊德：《文明及其不满》(伦敦，1949年)，第13页。着重点是引者加的。

② 同上书，第14页。

③ 同上书，第21页。

④ 汉斯·萨克斯在《机器时代的延迟》一文中，做了一个有趣的尝试，想证明自恋乃是希腊文明的现实原则的一个组成部分。他讨论了这样一个问题：为什么希腊人没有发明一种机器技术，虽然他们拥有使他们能够这样做的技巧和知识。他不满足于通常以经济学和社会学为根据的解释。相反，他提出，在希腊文化中占支配地位的自恋成分阻碍了技术的进步：肉体的力比多的贯注太强烈了，它阻碍了机械化和自动化。参见《精神分析季刊》，第二卷(1933年)，第420页及以下。

则的种子，就是说，自我(一个人自己的身体)的力比多的贯注可能成为客观世界的一种新的力比多贯注的源泉，它使这个世界转变成一种新的存在方式。这种解释被弗洛伊德所说的自恋的力比多在升华过程中起重要作用的观点所证实。他在《自我与本我》中问道：“是否所有升华都不是借助自我发生的？自我先把性欲的对象力比多转变成自恋的力比多，然后也许还给力比多以另一个目标。”①如果升华确是通过自我发生的，那么所有升华一开始便都要恢复自恋的力比多，这是一种以某种方式扩展到甚至充斥于客体中的力比多。这个假说差不多是对升华概念的革命。因为它暗示了一种非压抑性的升华方式，这种升华不是源于对力比多的一种强制转向，而是源于力比多的扩展。②

俄耳浦斯—那喀索斯的形象正是伟大的拒绝的形象，即拒绝与力比多客体(或主体)分离。这个拒绝的目标是解放，是曾经分离的东西的重聚。俄耳浦斯是**解放者**和**创造者**的诗人的原型，③因为他创立了较高级的世间秩序，一种没有压抑的秩序。在他身上体现的艺术、自由和文化将永远结合在一起。他是救赎的诗人，是抚慰人和自然从而播种和平、拯救世人的

---

① 弗洛伊德：《自我与本我》(伦敦，1950 年)，第 38 页。

② 参见本书第十章。

③ 瓦尔特·雷姆：《俄耳浦斯》(杜塞道夫；1950 年)，第 63 页以后。关于作为文化英雄的俄耳浦斯，见林福斯：《俄耳浦斯艺术》，第 69 页。

神，但他能这样做不是凭恃暴力，而是凭着歌声：

> 圣明的俄耳浦斯，神的通译，
> 阻止人类不使屠杀，放弃野蛮的生活，
> 因此也驯服了老虎
> 和凶猛的狮子……
> 这就是古代诗人的智慧，
> 划分公私，划分敬渎，
> 禁止淫乱，制定夫妇礼法，
> 建立邦国，铭法于木。①

但人们相信，文化英雄俄耳浦斯也建立了一种很不相同的秩序，这是他以生命为代价而建立的秩序：

> 俄耳浦斯回避女人的一切爱，不管是由于他爱情不得意，还是由于他压根儿放弃了订婚愿望。可是，许多女人依然对诗人一往情深；其中许多人为自己的爱情受挫而悲痛欲绝。他为色雷斯人树立了一个榜样：把自己的爱给予温柔的男孩，从他们的青春中求得欢乐。②他结果被发疯

---

① 贺拉斯：《诗艺》，载《英译贺拉斯诗》(伦敦和纽约，1931 年)，第 426 页。

② 奥维得：《变态》，弗兰克·贾斯特斯·米勒英译本(露叶白古典丛书)，第二卷，第 71 页。参见林福斯：《俄耳浦斯艺术》，第 57 页。

的色雷斯女人撕得粉碎。[1]

古典传统认为俄耳浦斯与同性恋的产生有关。他与那喀索斯一样，拒绝了正常的爱欲，这不是为了某种禁欲的理想，而是为了某种更完整的爱欲。他与那喀索斯一样，抗拒生育性欲的压抑性秩序。俄耳浦斯和那喀索斯爱欲的目的是要否定这种秩序，即要实行伟大的拒绝。在以文化英雄普罗米修斯为象征的世界上，这种否定乃是对一切秩序的否定。但在这种否定中，俄耳浦斯和那喀索斯揭示了一种有其自身秩序、为不同原则支配的新的现实。俄耳浦斯的爱欲改变了存在，他通过解放控制了残酷和死亡。他的语言是歌声，他的工作是消遣。那喀索斯的生命是美，他的存在是沉思。这些形象涉及审美方面，它们的现实原则必须在这个方面寻找和证实。

① 奥维得：《变态》，弗兰克·贾斯特斯·米勒英译本（露叶白古典丛书），第二卷，第 121—122 页。

# 第九章　审美方面

很显然，从审美方面是不能证实某个现实原则的。与基本的心理机能想象一样，美学领域本质上是“非现实的”，因为它为保持不受现实原则支配而付出的代价是在现实中无能为力。审美的价值标准可能在美化和提高文化的生活中发挥作用，或者可能作为私人的爱好发挥作用，但根据这些价值标准生活乃是天才们的特权，或者是颓废的波希米亚人的标志。理论理性和实践理性曾塑造了操作原则的世界。在这种理性的法庭面前，审美的存在受到了谴责。但我们将努力表明，这种审美观产生于一种对有损于操作原则内容和真理所作的“文化压抑”。我们企图恢复审美一词的原初意义和功能，从而在理论上克服这种压抑。这个任务要求证明在快乐、感性、美丽、真理、艺术和自由之间有一种内在的联系，这种联系在审美一词的哲学史上曾被揭示过。在这个词于此所指的领域中，保存了感觉的真理，并在自由的现实中调和了人的“高级”机能与“低级”机能、感性与智性、快乐与理性。我们的讨论将仅限于美学一词的意义已被确定的那个时期，即十八世纪后半叶。

在康德的哲学中，主客体的基本对抗反映在心理机能的下述二分法中：感性与知性(理解)；欲望与认识；实践理性与理论理性。[1]实践理性构成了自由，它只受出自本身的、以道德为目的的道德律的支配；而理论理性则构成了自然，它为因果律所控制。自然领域与自由领域根本不同。因果律不允许有任何主观的自律，同样，任何感觉材料也都不能决定主体的自律(否则主体就不自由了)。主体的自律将在客观现实中有一个“结果”，而主体为自身确定的目标也须是现实的。因此，自然领域必定受自由的立法影响；必定存在一个中间领域，使它们二者能在其中会合。必定有一种第三“机能”，调节着理论理性和实践理性。这种机能导致了从自然领域向自由领域的过渡，并把高级机能和低级机能，即认识机能和欲望机能，联结起来。[2]这种第三机能就是判断机能。于是一种心灵的三分法成了先前的两分法的基础。理论理性(理解)提供认识的先天原则，实践理性提供欲望(意志)的先天原则，而判断机能则通过

① 这几对范畴并不相互对应；它们所指的是不同的概念领域(一般的心理机能、认识机能及其应用领域)。

② 康德：《判断力批判》(伦敦，1892 年)，第 16 页。

痛苦和快乐的感觉调节着这两个方面。与快乐感有关的判断便是审美的判断，其应用领域则是艺术。

这里极其简略地叙述了康德在其《判断力批判》一书的导言中对审美功能的经典推导。康德的阐述不太清楚，这主要是由于他把审美的本来意义（属于感官）与无疑在康德时代盛行的新的内涵（属于美，特别是在艺术中）混为一谈了。尽管在其先验方法的严格限制下，他想恢复未被压抑的内容的企图未能成功，他的思想仍是全面理解审美的最好指南。

在《判断力批判》中，审美方面及其相应的快乐感不只是心灵的一个第三方面和第三机能，而且是它的核心，是使自由影响自然、自律影响必然的中介。在这种中介中，审美功能是一种“象征”功能。《判断力批判》的著名的第59节名为“论作为道德象征的美”。在康德体系中，道德是自由领域，在这里，实践理性在自身的规律支配下实现着自我。美，就其直觉地证明了自由的实在性而言，也象征着这个领域。由于自由这个理念没有任何相应的感性知觉，这种证明只能是“直接的”、象征的、类比的。我们现在将努力澄清这种奇怪的类比的根据。这种根据同时也是审美功能把感性的低级机能与道德相结合的基础。在此之前，我们想回顾一下使审美问题变得突出起来的背景。

对现存现实原则的特定历史特征的规定使我们重新考察了在弗洛伊德看来是属于这个原则的普遍有效性的东西。我们怀疑这种有效性的根据是，消除文明施加的压抑性控制具有历史的可能性。恰恰是这个文明的成就本身似乎使操作原则成为古董，使对本能的压抑性利用变得过时。但这样一个关于以操作原则的成就为基础的非压抑性文明的观念遇到了这样一个论点：本能的解放（及随之而得到的完整的解放）将破坏文明本身，因为只有通过克制和工作（劳动），换言之，通过对本能能量的压抑性利用，文明才能得以维持。一旦摆脱了这些压制，人就能不工作、无秩序地生存，就将回到破坏文化的自然的怀抱。为了回击这个论点，我们恢复了想象的某些原型，它们与压抑性生产的文化英雄相反，象征着创造性的接受。这些原型预示，人与自然将通过其固有的力比多力量的释放，而不是通过统治与剥削，得到实现。然后我们就为自己确定了“证实”这些象征的任务，这就是要证明它们作为**超越了**操作原则的现实原则的象征的真实性。我们认为，俄耳浦斯和那喀索斯形象的表象内容乃是人同自然在审美态度方面达成的爱欲的和解（联合），在这里，秩序就是美，工作就是消遣。下一步则是要消除对审美态度的曲解，以免使之陷入博物馆的或波希米亚人的不现实气氛之中。怀着这个目的，我们努力寻找其哲学上的合法性，以恢复审美方面的全部内容。我们发现，在康德哲学中，审美方面占据了感性与道德这两个人类生存的极点之间的核心地位。如果确实如此，那么审美方面必定包含着对这两个领域都有效的原则。

审美方面的基本经验是感性的，而不是概念的；审美知觉本质上是直觉，而不是观念。[①]感性的本性是“接受”，即通过给予物的影响而产生认识。正是借助这种与感性的内在联系，审美功能才获得了其核心的地位。审美知觉伴有快乐。[②]这种快乐来自对对象的纯形式的知觉，它与对象的“质料”和(内在与外在的)“目的”无关。在这种纯形式中得到表象的对象是“美的”。这样的表象就是想象的工作(或毋宁说是消遣)。作为想象，审美知觉既是感性的，又不只是感性的(“第三种”基本机能)，因为它提供快乐，因而本质上是主观的；但就这种快乐是由对象本身的纯形式构成的而言，它也伴随着对任何知觉主体来说普遍必然的审美知觉。审美想象虽然是感性的，因而是接受的，但它也是创造性的。在它自身的自由综合中，构造了美。在审美想象中，感性为某个客观秩序产生了普遍有效的原则。

规定这个秩序的两个主要范畴是“无目的的合目的性”和“无规律的合规律性”。这两个范畴，超出了康德的背景，确

① 下面的讨论不过浓缩了康德阐述中的一些重要步骤。对假定两个基本的认识机能(感性与知性)与假定三个这样的机能(感性、想象、统觉)之间的高度复杂的关系，在此不能详述。在《纯粹理性批判》的先验感性论与《判断力批判》的审美功能之间的关系，同样也只能概述。海德格尔第一次破天荒地证明了审美功能在康德体系中的核心作用。参见其《康德和形而上学问题》(波恩，1929 年)。关于基本认识机能之间的关系，特别请参见第 31 页及以下，第 129 页及以下。

② 下述内容根据《判断力批判》，导言，第 7 节，第 29 页及以下。

定了一种真正非压抑性秩序的本质。第一个范畴规定了美的结构，第二个范畴则规定了自由的结构。它们的共同特征是在被解放了的自然和人的潜能的自由消遣中得到的满足。康德只是把这些范畴作为心灵的过程提出来。但他的理论对他同时代人的影响却超出了其先验哲学划定的范围。在《判断力批判》发表数年以后，席勒从康德思想中得出了一种关于新的文明方式的观念。

对康德来说，“无目的的合目的性”（即形式的合目的性）乃是对象表现在审美表象中的形式。不管对象可能是什么（物体或花朵，动物或人类），它都不是根据其有用性，根据其可能服务的目的，根据其“内在的”终极性和完整性来表象和判断的。在审美想象中，对象恰恰被表象为是缺乏所有这样的关系与性质的，表象为完全就是它本身。这样“给予”对象的经验与日常经验和科学经验截然不同；理论理性与实践理性的对象同世界的所有联系都被割断了，或者毋宁说被悬置了。这种经验乃是想象的自由消遣的产物，它解放了对象，使之成为自由的存在。[①]在一种新的意义上，主体与客体得到了自由。从对待存在的态度发生的这一根本变化中，出现了一种性质迥异的快乐，它是由对象现在用于揭示自身的形式产生的。它的“纯

① 赫尔曼·莫尔肯：《康德论想像力》，载《哲学与现象学研究年鉴》，第九卷（哈勒，1930 年），第 478—479 页。

形式”暗示了一种“杂多的统一”，一种在其自身规律支配下发生作用的各种运动和关系的和谐，即它的“此在”、生存的纯表现。这是美的表现。想象与理解的认识观念相一致，而这种一致又建立了各种心理机能之间的和谐，它是对审美对象的自由作出的和谐的、令人愉快的反应。美的秩序产生于支配着想象的消遣的秩序。这个双重的秩序是符合规律的，但这些规律本身是自由的，因为它们不是被强加的，也不要获得某些特定的目标和目的；它们是生存本身的纯形式。这种审美的“合规律性”把自然与自由、快乐与道德结合起来。审美判断

> 在快乐和痛苦的感觉方面是一个构成原则。快乐的基础在于认识机能的和谐。这些机能在消遣时的自发性使自然的合目的性概念成了概念的自然领域与自由领域之间的中间环节……而与此同时，这种自发性还促进了道德感对心灵的影响。①

对康德来说，这个审美方面乃是感觉和理智会合的中介。这个中介是由第三种心理机能即想象完成的。同时，这个审美方面也是自然与自由会合的中介。由于感性机能服从于理性，由于社会需要而对这些机能所作的压抑性利用，才取得了文明

① 康德：《判断力批判》，导言，第9节，第40—41页。

进步。由这种进步产生的高级机能与低级机能之间的广泛冲突使审美方面的这种双重中介变得必不可少了。因此，想在审美方面调节感性与理性的哲学努力就表现为企图调和为被某一压抑性的现实原则所分裂了的人类生存的两个方面。履行这种调节功能的，是审美机能，它类似感性，属于感觉。因此审美的调解就意味着加强感性，反抗理性的暴戾，并最终唤起感性使之摆脱理性的压抑性统治。

事实上，根据康德的理论，当审美功能成为文化哲学的核心论题时，它就被用以证明非压抑性文明所具备的种种原则。在这种文明中，理性是感性的，而感性则是理性的。席勒的《审美教育书简》(1795 年)一书，主要是在《判断力批判》的影响下写就的，其目的是借助审美功能的解放力量，来重建文明，他认为这种文明将包含新的现实原则。

西方思想传统的内在逻辑迫使席勒把这种新的现实原则及与之相应的新的经验定义为**美学**。我们曾经强调，这个词本来表示“属于感觉”，而着重点则是其认识功能。在唯理论的统治下，感性的认识功能总是遭到极度的轻视。与压抑性的理性概念相一致，认识成了心灵的高级的、非感性机能最最关注的目标；美学被逻辑和形而上学同化了。感性，作为“较低”的，甚至“最低”的机能，至多只能为认识提供纯粹的原材料，这些材料还有待于理智的高级机能来组织。审美功能的内容及有效性被削弱了。感性，只是在从属的认识论位置上才保留了些许哲学的尊严；它的那些与唯理论认识论不能相符的过程，即那些超出了对材料的被动知觉的过程，失去了归宿。在这些无家可归的内容和价值中，最重要的是想象的内容和价值。想象是对并不直接“给予”的对象的自由的、创造性的或再生的直觉，这是无需对象“出现”即能表象对象的机能。[①]存在着一种作为概念理解科学的逻辑学，但不存在一种相应的作为感性科学的美学。但在十八世纪中叶，美学成为一门新的哲学学科，成为关于美和艺术的理论。亚历山大·鲍姆加登确定了这个词的现代用法。这个词的早先含义是指“属于感觉”，后来发展成指“属于美和艺术”，这种意义上的变化远比学术创新更为深刻。

美学一词的哲学史反映了对感性（因而是肉体的）认识过程的压抑性看法。在这个历史上，作为一门独立学科的美学的基础抵抗着理性的压抑性统治：由于想要证实审美功能的核心地位并使之成为一种生存范畴，结果使感觉的固有真理价值在盛行的现实原则下没有发生退化。美学这门学科确立了与理性秩序相反的感性秩序。把这个观念引入文化哲学是为了解放感觉，这种解放决不会摧毁文明，反而会给它提供一个坚实的基础，并将极大地增强其潜能。审美功能通过某一基本冲动即消遣冲动而发生作用，它将“消除强制，使人获得身心自

① 这是康德在《纯粹理性批判》的“先验感性论”第一章第24节中提出的定义。

由”。它将使感觉与情感同理性的观念和谐一致，消除理性规律的道德强制性，并“使理性的观念与感性的兴趣相调和”。[①]

有人会提出异议，认为这种解释把感性(作为一种心理认识机能)这个哲学术语与感觉的解放相联系，不过是在利用语源学歧义所玩弄的把戏。感性(sensuousness)一词的词根 sens 不再具有肉欲(sensuality)的含义。在德文中，感性和肉欲仍是同一个术语 Sinnlichkeit。它既指本能的(特别是性欲的)满足，也指感性知觉和表象(即感觉)。在日常语言和哲学语言中，在用 Sinnlichkeit 一词表示审美基础的用法中，这种双重的意义都得到了保留。在这里，这个词是指人的“低级的”(“含糊的”、“混乱的”)认识功能，外加“痛苦和快乐的感觉”，即感觉加情感。[②]席勒的《审美教育书简》一书强调的是审美功能的冲动性和本能性。[③]这个意思为新的美学学科提供了基本材料。新的美学学科被看做是“感性认识的科学”，是“低级认识功能的逻辑学”。[④]美学既是逻辑的姊妹，又是其对手。这门新学科的特征就是反对理性的不可一世：“……构成美学的真理与谬误的，不是理性，而是感性。凡感性认为，或能够认为是真

① 席勒：《审美书简、论文和哲学书简》(波士顿，1845 年)，第 66—67 页。
② 阿尔伯特 · 里曼：《A · G · 鲍姆加登的美学》(哈勒，1928 年)，第114 页。
③ 席勒：《审美教育书简》，第 4 和第 8 封信，以及其他地方。
④ 鲍姆加登：《美学》，参见伯纳德 · 波帕编：《A · G · 鲍姆加登》(波恩、莱比锡，1907 年)，第 1 节；另见第 44 页。《哲学沉思》，第 115 节。

的东西，美学便能把它表象为真的，即使理性认为它不是真的而予以拒绝。”[①]而且康德在他的人类学讲演录中也指出：“……正如人们能够建立普遍的理解规律，人们也能建立普遍的感性规律。就是说存在着一门感性的科学即美学和一门知性的科学即逻辑。”[②]感性的原则和真理成了美学的内容，而“美学的目标和目的则是感性认识的完善，这种完善就是美”。[③]在此迈出的这一步把美学这门感性的科学转变成了艺术的科学，把感性的秩序转变成了艺术的秩序。

某个基本术语的语源学上的命运通常不是件偶然的事情。从肉欲到感性(感性认识)再到艺术(美学)，这种概念发展的实质是什么呢？感性这个中介的概念所指的是作为认识的源泉和器官的感觉，但感觉不仅仅是，甚至主要不是认识器官。它们的认识功能与其欲求功能(肉欲)浑然一体，它们是满足爱欲的，受快乐原则支配的。从认识功能与欲求功能的这种融合中，产生了感性认识的混乱性、低级性和被动性。这些使感觉不适合现实原则，除非它已被理智即理性的概念活动所征服和塑造。只要哲学接受现实原则的规则和价值，不受理性统治的感性的要求便是毫无哲学根据的。感性只是在受到了巨大的改变以后，才在艺术理论中找到了安身立命之处。艺术的真理是

---

① 鲍姆加登：《美学》，载伯纳德·波帕编：《A·G·鲍姆加登》，第 42 页。
② 同上书，第 57 页。
③ 鲍姆加登：《美学》，第一卷(法兰克福，1750 年)，第 14 节。

感性的解放，其途径是使之与理性调和，这是古典唯心主义美学的核心论点，在艺术中，

> ……思想被物质化了，而物质并没有受到思想的外在的决定。相反，就自然的、感性的、情感的东西自身便拥有它们的尺度、目的与和谐而言，它本身是自由的。当知觉和感觉被提高到了精神的普遍性后，思想不仅放弃了与自然的敌对，而且在自然中尽情享乐。感觉、高兴和快乐得到了认可和辩护，因此，自然与自由、感性与理性，在它们的统一性中发现了它们的权利和满足。[①]

艺术对现行理性原则提出了挑战：在表象感性秩序时，它使用了一种受到禁忌的逻辑，即与压抑的逻辑相对立的满足的逻辑。在升华了的审美形式背后，出现了未升华的内容，即艺术对快乐原则的服从。[②]对艺术的爱欲根源的研究在精神分析中占有重要地位。但这些根源存在于艺术作品和艺术功能中，而不存在于艺术家中。审美形式是感性形式，是由感性秩序构成的。如果把感性认识的“完善”定义为美，那么这个定义仍

① 黑格尔：《美学讲演录》，第一卷，导言；参见格罗克纳版《全集》，第十卷，第95页。另见《艺术哲学》英译本(伦敦，1920年)，第一卷，第83页。

② 参见奥托·兰克：《消遣冲动和审美快乐》，载《艺术和艺术家》(纽约，1932年)。

保留了与本能满足的内在联系，审美的快乐仍然是快乐。但感性的起源受到了“压抑”，满足也存在于对象的纯*形式*中。感觉的非概念性真理，作为审美价值，得到了认可。而对现实原则的摆脱，则是由于创造性想象的“自由消遣”而实现的。在此，一个具有完全不同标准的现实得到了认可。但由于这一个新的、“自由”的现实被归之于艺术，对它的经验被归之于审美态度，所以它是非强制性的，并且使人类生存不采取日常的生活方法。它是“非现实的”。

席勒想放弃对审美功能的升华，这种想法来自康德。席勒认为，惟因想象是心灵的核心机能，惟因美是“人类的一个必要条件”，[①]审美功能在改造文明过程中才具有举足轻重的作用。从席勒的这一番话中可见，进行这样一种改造的要求显然已很明显了。赫尔德和席勒、黑格尔和诺瓦利斯用几乎同样的话阐述了异化概念。当工业社会在操作原则统治下开始形成时，它的内在否定性就已被哲学分析完全揭示出来了：

> 享受与劳动相分离，手段与目的相分离，工作与报偿相分离。由于人自始至终被束缚在构成整体的某个很小的部件上，所以也只能把自己塑造成为一个部件。由于他听到的一直是机器的单调轰鸣声，所以永远不能发展自己存

① 席勒：《审美教育书简》，第46页。

在的和声。他不是去塑造存在于其本性中的人性，而是成了他的职业、他的科学的纯粹印记。[1]

正是文明本身“给现代人造成这种创伤”，因而只有一种新的文明才能治愈这种创伤。这种创伤是由人类生存的两极之间的对抗关系造成的。席勒用一系列成对的概念描述了这种对抗：感性与理性、质料与形式（精神）、自然与自由、特殊与普遍。这里对立的每一方都受到基本的冲动即“感性冲动”与“形式冲动”的支配。[2]前者本质上是被动的、接受性的，而后者则基本上是主动的、支配性的和压倒优势的。文化就是由这两种冲动的结合和相互作用造成的。但在现存文明中，它们的关系一直是对抗的关系：文明不是使感性理性化，使理性感性化，从而调和这两种冲动，而是使感性屈从于理性，从而使感性如果想重新表明自己的权利，只能以破坏性的残酷的形式来表现，而理性的暴戾则使感性变得枯竭和芜杂。如果人的潜能要得到自由的实现，就必须克服这个冲突。由于只有冲动才具有对人类生存发生根本影响的持久力量，对这两种冲动的这样一种调节就必定是某个第三种冲动的工作。席勒称这个具有调节作用的第三冲动为消遣冲动，并认为其目标是美，目的是自由。传

① 席勒：《审美教育书简》，第 22 页。
② 同上书，第 53 页。

统的解释把席勒的思想限于仁慈的美学讨论，而我们现在将努力从这种美学讨论中恢复席勒思想的全部意义。

这种探索的目的是要解决一个“政治”问题，即把人从非人的生存状态中解放出来。席勒表明，为了解决政治问题，“美学是必由之路，因为正是美导向自由”。而消遣冲动则是这种解放的工具。这种冲动的目的不是“借助”某物来消遣；而是生命本身的消遣，它超越了欲望和外部强制，是无忧无虑的生存的表现，因而是自由本身的表现。人只是在摆脱了内外、身心的一切压制时，只是在不受任何规律和需要压制时，才是自由的。[①]但这样的压制却是现实。因此，严格地说，自由乃是摆脱现存现实的自由，因为人只是在“现实失去了其重要性”，其必然性也变得无关紧要的时候才是自由的。[②]“极端的愚蠢和极端的聪明有某种类似性，这就是它们都只追求实在物”，但这样一种想获得实在物的需要“纯粹是缺乏的结果”。相反，“对现实漠不关心”，对“表现”（表演）孜孜以求，则是摆脱缺乏和使“人性得到真正发扬”的象征。[③]在一种真正人道的文明中，人类生存将是消遣，而不是苦役，人将在表演中而不是在需要中生活。

这些观点代表了一种最先进的思想立场。必须懂得，此处

---

① 席勒：《审美教育书简》，第 70—71 页，第 96 页。
② 同上书，第 71 页。
③ 同上书，第 130—131 页。

所设想的脱离现实的自由不是先验的、“内在的”，或纯粹理智的自由(如席勒所明确强调的那样[①])，而是在现实之中的自由。“失去重要性”的现实乃是欲望和需要的非人的现实。当欲望和需要能够无需异化劳动而得到满足时，现实就不再具有重要性了。这时，人便能自由地“消遣”他自己的和自然的机能与潜能，而且只有通过这样的消遣，他才是自由的。因此人的世界就是表演，这个世界的秩序也就是美的秩序。由于消遣是自由的实现，它就不只是那种压制性的身心现实：“……人仅仅关心惬意的东西、善良的东西、完满的东西。但他消遣的却是美。”[②]如果消遣领域在另一个与此不同的压抑性世界上等于是注重装饰、奢侈和欢愉的领域，那么上述说法将是不负责任的“唯美主义”。但在这里，审美功能被看成是支配整个人类生存的原则，而且仅当它具有“普遍性”时，它才能这样去支配整个人类生存。审美文化的前提是“知觉方式和感觉方式上的全盘革命”。[③]而且这样的革命所以可能，也只是当文明在物质和思想方面达到了最大限度的成熟的时候。仅当“对需要的压制”被“对过剩(丰富)的压制”取代时，人类生存才会进入“其本身既是目的又是手段的自由运动”。[④]摆脱了欲

① 席勒：《审美教育书简》，第93、140、142页。
② 同上书，第72页。
③ 同上书，第138页。
④ 同上书，第140页。

望所需要的痛苦的目的和操作的压力之后，人就将能重新“自由地恢复他的本来面貌”。[1]而这本来面貌就是自由，就是消遣的自由。履行这种自由的心理机能便是想象机能。[2]它探寻并投射所有存在的潜能。在摆脱了压制性质料的奴役时，它们的现存表现是“纯形式”。因此，它们构成了它们自己的秩序，即“按照美的规律生存”。[3]

消遣冲动一旦作为文明的一个原则占了上风，就会使现实发生真正的转变。于是，人们所经验到的自然、客观世界将主要不是统治人的东西(如在原始社会中那样)，也不是被人统治的东西(如在现存文明中那样)，而是一个“沉思”的对象。[4]由于这种基本的、构成性的经验所发生的变化，经验的对象本身也发生了变化，因为自然一旦摆脱了暴力的统治和开发，受消遣冲动的规定，也就会摆脱其自身的残忍性，并自由地表现其丰富的无目的的形式，这些形式表现了其对象的“内在生命”。[5]在主观世界里也会发生一种相应的变化。这里，审美经验将阻止使人成为劳动工具的暴力的、开发性的生产。但人不会回复到一种痛苦的被动性状态中去。他的生存仍是主动的，但“他所拥有的、所生产的东西不再带有奴役的痕迹，不再带

① 席勒：《审美教育书简》，第 100 页。
② 同上书，第 133 页。
③ 同上书，第 111 页。
④ 同上书，第 115、123 页。
⑤ 同上书，第 114 页。

有对其目的的可怕设计”。[①]人的主动性超出了欲望和忧虑，成了表演，即对人的潜能的自由表现。

正是在这一点上，席勒思想的破坏性质昭然若揭了。他认为文明的弊病是人的两种基本冲动（感性冲动和形式冲动）之间的冲突，或者毋宁说，是这个冲突的暴力解决，即理性对感性施以压抑性暴政。因此，要调和这两种相冲突的冲动，就必须消除这种暴政，也就是说，就必须恢复感性的权利。必须从感性而不是理性的解放中，在对“高级”机能所作的有利于“低级”机能的限制中，去寻找自由。换言之，要拯救文化，就必须消除文明对感性的压抑性控制。这事实上就是《审美教育书简》一书的潜在思想。其目标是想使道德建立在感性的基础上。[②]理性规律必须与感性的重要性相一致。[③]占支配地位的形式冲动必须受到限制：“感性必须成功地维持其领地，并抵御精神借其扩张活动很可能要对它施加的暴力。”[④]确实，如果自由要成为文明的主导原则，那么不仅理性，而且“感性冲动”都需要有一种限制性的转变。感性冲动的额外释放必须与自由的普遍秩序相一致。但是，对感性冲动规定的任何秩序本身都必须是“自由的活动”。[⑤]自由的个体本身必须造成个体

① 席勒：《审美教育书简》，第 142—143 页。
② 同上书，第 10 页。威尔斯在此把 sinnliche 译为肉欲的，而不译为感性的。
③ 同上书，第 67 页。
④ 同上书，第 63 页。
⑤ 同上。

满足与普遍满足之间的和谐。在一个真正自由的文明中，所有法律都是由个体自我给予的："由自由提供自由乃是美学状态的普遍规律。"[①]在一个真正自由的文明中，"整体的意志"也只有"借个体的本性"才能实现。[②]秩序成为自由的必要条件也以个体的自由满足为基础，并被这种满足所维持。

但持久满足的死敌乃是时间，即内在的有限性和各种条件的短暂性。因此人的完整解放的思想就必然包含与时间搏斗的见解。我们看到，俄耳浦斯和那喀索斯形象象征着对死亡的反抗，这是想阻止时间流逝的垂死挣扎，也是快乐原则的保守本性的体现。如果审美状态确实就是自由状态，那么它最终必须战胜时间的破坏进程。这是非压抑性文明的惟一标志。因此，席勒把"在时间中消灭时间"的功能，把调和存在与变易、变化与同一性的功能，一并归于具有解放作用的消遣冲动。[③]这是人类向更高形式的文明发展的最高任务。

席勒著作中充斥的唯心主义的、审美的升华思想并不能抹杀其激进的意义。荣格看到了这些意义，并且吓得胆战心惊。他警告说，消遣原则的统治将导致压抑的解放，而这又将导致"对迄今为止最高的价值标准的贬斥"，导致一场"文化的大劫难"。一言以蔽之，将导致"野蛮状态"的回复。[④]较之荣

① 席勒：《审美教育书简》，第 145 页。
② 同上。
③ 同上书，第 65 页。
④ 荣格：《心理类型》（纽约，1926 年），第 135 页。

格，席勒本人明显地不那么乐意把压抑性文化与文化本身相等同。他宁愿让压抑性文化遭受一场大劫难，并贬低其各种价值标准，只要这可以造就一种较高级的文化。他充分意识到，在消遣冲动的最初的自由表演中，这种冲动是“难于辨认的”，因为感性冲动将不断地以其“原始的欲望”阻挠它。[①]但是他认为，随着新文化的发展，这种野蛮的反抗可以被置之不顾，而且在旧文化走向新文化的时候，必须有一个“跳跃”。他并不关心这个跳跃将导致的社会结构的灾难性变化，因为这些变化不在唯心主义哲学讨论的范围之内。但在其美学思想中明显地表明了，这种变化是以一种非压抑性秩序为目标的。

如果概括一下这个变化的主要成分，我们可以发现：

(1) 苦役(劳动)变为消遣，压抑性生产变为表演。在这个变化之前，首先必须征服作为文明的决定因素的缺乏。[②]

---

① 席勒：《审美教育书简》，第 142 页。

② 最近，古斯塔夫·巴利在其《论自由的起源和限度》(巴塞尔，1945 年)中企图以生物学为基础，用消遣来定义人的自由，详见该书第 29 页、第 71 页以后、第 74—75 页。他从对本能决定的摆脱中看到了自由的这个方面。人不像动物那样必然地受其本能的决定。人有一个松弛的领域、一个空间，在这里，他不追求其本能目标，而是消遣这些目标和他的世界。这种永不追求本能目标的态度使人类文化成为可能。

巴利的思想与席勒颇为接近，但他的思想是倒退的，而席勒的思想是进步的。度勒的消遣性自由乃是本能解放的结果，而巴利的那种自由则是“反对本能的相对自由”(第 94 页)，是抵抗本能需要的自由。因此，毫不足怪，对自由的新的解释结果只是取消和抵制引诱的旧的自由，只是束缚自身的“勇气”，只是自我压抑的力量(第 79 页)。而且，最高的、最真实的自由，即“摆脱忧虑和死亡的自由”被一以贯之地谴责为虚假的“可疑”的自由(第 100 页)。

(2) 感性(感性冲动)的自我升华和理性(形式冲动)的贬值，调和了这两种基本的、对抗的冲动。

(3) 征服有碍于持久满足的时间。

这些因素实际上与调和快乐原则与现实原则的因素无异。我们可以回想一下想象(幻想)在消遣和表演中的构成作用：想象保存了保持不受压抑性现实原则支配的那些心理过程的目标。这些目标，由于其审美功能，在成熟文明中是明显合理的。消遣冲动代表了这两种对立的心理过程和原则的共同特性。

还有一种成分把审美哲学与俄耳浦斯和那喀索斯形象联系起来，这就是关于建立一种使主、客观世界、人和自然得到和谐的非压抑性秩序的看法。俄耳浦斯象征的核心是歌神，歌神战胜了死亡，解放了自然，从而使被压制物和压制物都释放出有生命物与无生命物的美的、消遣性的形式。它们(他们)不再去追求和期望“某种有待获得的东西”，它们(他们)摆脱了害怕和束缚，因而是真正自由的。那喀索斯的沉思拒绝在爱欲对美的屈从中的任何其他活动，而把他自己的生存与自然不可分割地结合在一起。同样，审美哲学对非压抑性秩序的看法也使得人的内部和外部自然自由地受规律，即消遣和美的规律的影响。

非压抑性秩序本质上是一种**富有**的秩序，因为产生必要压制的不是需要，而是“多余”。只有富有的秩序才能与自由相一致。在这一点上，对文化的唯心主义批判和唯物主义批判汇合了。这两种派别都同意，非压抑性秩序只是在最成熟的文明阶段，即在用最少时间、最小身心能量满足所有基本需要的时候，才是可能的。它们反对受操作原则支配的自由观，而把这种自由留给一种新的生存方式，这是将以普遍地得到满足的生存需要为基础而出现的一种生存方式。自由王国被看做处于必然王国之外，因为自由不在“生存斗争”之中，而在它之外。拥有和获得生活必需品乃是一个自由社会的前提，而不是其内容。必然王国、劳动王国，乃是不自由的王国，因为在这个王国中决定人类生存目标和功能的，不是人自己的目标和功能。而且那种目标和功能也不允许人类机能和欲望自由消遣。因此规定这个王国的最合适条件的标准，乃是合理性而不是自由。就是说，这个王国中的生产和分配的组织方式应该使得可以用最少时间生产为所有社会成员利用的一切必需品。必要劳动是一系列本质上非人的、机械的、例行的活动。在这样的一系列活动中，个体性不可能是一个价值标准和自在目的。组织社会劳动制度的着眼点应是为个体性在不可避免地压抑性的工作世界之外的发展，节约时间和空间，这是不无道理的。消遣和表演作为文明的原则，并不表示劳动的转变，而表示劳动完全服从于人和自然的自由发展的潜能。消遣和表演的思想现在表明，它们完全摆脱了生产和操作的价值标准：消遣是非生产性的、无用的，这恰恰是因为它取消了劳动和闲暇的压抑性和开发性特征，它“只是消遣”现实。但它也取消了劳动和闲暇的崇高特征，即“较高的价值标准”。在一种自由文化出现的时期，理性的被贬斥与感性的自我升华是同等重要的过程。在现存统治制度中，理性的压抑性结构和对感觉机能的压抑性组织是相互补充和相互支持的。用弗洛伊德的话说，文明的道德乃是被压抑本能的道德，因此被压抑本能的解放，也就意味着对文明道德的贬低。但这些较高的价值标准在被贬低以后，又会重新回到它们一度曾与之分离的人类生存的有机结构中去，而这种重新结合又会转变这个结构本身。如果这些较高的价值标准不再远离并反抗低级机能，那么低级机能就可能自由地接受文化的影响。

# 第十章　性欲转变为爱欲

我们从神话学与哲学的边缘趋向中提出了一种非压抑性文化观，目的是要建立本能与理性的新联系。文明道德由于调和了本能自由与秩序而被颠倒了。本能摆脱了压抑性理性的暴政，走向自由的、持久的生存关系，就是说，它们将产生一种新的现实原则。在席勒的“审美状态”这个观念中，这种对非压抑性文化的展望体现在成熟的文明阶段。在这个阶段，如在弗洛伊德的心理学中所表明的那样，本能组织成了一个社会问题(用席勒的话说，成了政治问题)。创造自我和本我的过程也形成和维持了特定的社会机构和社会关系。像升华、自居作用、心力内投这样一些精神分析概念，不仅具有精神的内容，而且也具有社会的内容，因为它们导致了一个由作为客观实体而与个体对立的机构、法律、机关、环境和风俗构成的制度。

在这个对抗性的制度中，自我与超我、自我与本我之间的心理冲突，也是个体与其所处的社会的冲突。社会体现了整体的合理性，而个体反抗压抑性力量的斗争则是一场反对客观理性的斗争。因此，包含了本能解放的非压抑性现实原则的出现就是在文明的合理性已经达到的阶段上向后**倒退**。这种倒退既是精神的，又是社会的。一方面，它将恢复在现实自我的发展中已被超越了的早期力比多阶段，另一方面，它将破坏现实自我所赖以存在的那个社会的机构。对这些机构来说，本能的解放乃是向野蛮状态的倒退。但这样的解放，如果发生于文明之巅、导源于生存斗争的胜利而不是失败，并得力于一个自由社会，则很可能具有截然不同的结果。它仍然是文明进程的一种逆转、仍然是对文化的一种颠覆，但这是在文化完成了自己的使命，并创造了自由的人和世界之后才发生的。它仍然是一种“倒退”，但这是借助于成熟意识，并在一种新的合理性指导下的倒退。在这样的条件下，对一种非压抑性文明的可能性的预备，将根据的，不是进步被阻抑，而是被解放。这样一来，人就可以根据充分发展的知识来安排自己的生活，可以重新提出何者为善，何者为恶的问题。如果在人对人的文明统治中积累起来的罪恶可以凭借自由去赎回，那么就必定要再犯一次“原罪”：“我们必须再一次从知识之树汲取营养，以便重新回到无罪状态。”①

---

① 亨里希·冯克莱斯特：《论木偶剧》，结论部分。

这种对非压抑性本能秩序的看法首先必须受到最不受秩序约束的本能即性欲的检验。非压抑性秩序可能存在的惟一条件是，性本能借助其自身的原动力，在变化了的生存条件和社会条件下，在成熟个体之间形成持久的爱欲联系。我们不禁要问，在消除了所有额外压抑以后，性本能是否还能发展出“力比多的合理性”，它不仅不会阻碍，反而会促进向更高形式的文明自由发展。我们在此将根据弗洛伊德自己的理论来考察这种可能性。

我们重申了弗洛伊德的结论，他认为，对性本能的社会控制的真正减少，即使在最适当的条件下，也将使性欲组织倒退到前文明阶段。这种倒退将突破操作原则的核心防线，因为它将阻止把性欲纳入一夫一妻制生殖的轨道，并取消对性反常行为的禁忌。在操作原则统治下，个体肉体的力比多贯注和与其他个体的力比多关系通常仅限于闲暇时间，并将用于准备和实行性交；只是在例外情况下，并得到了很高程度的升华以后，力比多关系才可以进入工作领域。为了维持大量的能量和时间以便用于非满足性的劳动，必须实行这样的压制，但这些压制把肉体的非性欲活动持久化了，从而使有机体成为对社会有用的操作的主—客体。相反，如果工作的时间和能量被降到最低限度，而且又没有对自由时间作相应的控制，那么这种压制的理由就不能成立了。力比多将得到释放，并将冲破现实原则给它带来的机构化的限制。

弗洛伊德反复强调，决定着文明的持久的人际关系的先决条件是抑制性本能的目标。[①]爱及其要求的持久的、可靠的关系以性欲与“情感”的联合为基础，而这种联合又是一个漫长的、残酷的驯化过程的历史结果。在这个过程中，本能的合法表现成了至高无上的东西，而它的各组成部分的发展则受到了阻碍。[②]文化对性欲的改善，性欲向爱情的升华，都是在这样一种文明中发生的，它建立了与社会占有关系相分离，并在重大方面与之相冲突的私人占有关系。虽然在家庭的隐私之外，人们的生存主要受其产品和操作的交换价值决定；但他们的家庭生活和床第生活却洋溢着神圣的精神和道德律。人类被看做一种自在的目的，而不仅是一个纯粹的工具；但这种意识形态的有效性，存在于个体的私人功能而不是其社会功能之中，存在于力比多满足领域而不是其劳动领域之中。为反对把肉体纯粹作为快乐的对象、手段和工具，文明道德的全部力量都被动员起来。因此，这样的肉欲化受到了禁忌，它只能继续成为妓女、堕落者和性反常者的一种声名狼藉的特权。过去，人恰恰是在其满足中，特别是在其性欲满足中，才成了一种高级存在物，并遵从高级的价值标准，性欲因爱而获得了尊严。但随着非压抑性现实原则的出现，随着为操作原则所必需的额外压抑

① 弗洛伊德：《论文集》（伦敦，1950 年），第四卷，第 230 页以后；《集体心理学与自我的分析》（纽约，1949 年），第 72、78 页。

② 弗洛伊德：《论文集》，第四卷，第 215 页。

的消除，这个过程就被颠倒过来。在社会关系方面，由于劳动分工开始重新以满足自由发展的个体需要为目标，这种肉欲化也会相应地减少。而在力比多关系方面，对肉体的肉欲化的禁忌则将相应地放松。肉体不再被用作纯粹的劳动工具，它重新获得了性欲。由力比多的这种扩展导致的倒退首先表现为所有性欲区的复活，因而也表现为前生殖器多形态性欲的苏醒和性器至高无上性的削弱。整个身体都成了力比多贯注的对象，成了可以享受的东西，成了快乐的工具。在力比多关系的价值和范围方面所发生的这种变化，将导致那些组织私人人际关系的机构，特别是一夫一妻制的、父权制家庭的瓦解。

这些似乎证实了这样一种预料，即本能解放只会导致一个性狂热者社会的出现，也就是说，使社会不成其为社会。但是，刚刚描述的这个过程所涉及的不只是力比多的释放，还有对它的*改造*，即把它从限于生殖器至上的性欲改造成对整个人格的爱欲化。这是力比多的扩展，而不是爆炸。这种向私人关系和社会关系方面的扩展，沟通了由压抑性的现实原则在这两方面之间造成的鸿沟。造成力比多发生这种变化的社会变化使个体的需要和机能得以自由消遣。由于这些情况，被改造的力比多*超出*操作原则机构的那种自由发展同被压制的性欲在这些机构的势力范围*之内*的释放具有本质的区别。后一个过程引起的是*被遏制的*性欲的爆发，力比多依然带有遏制的标记，并以一些文明史上众所周知的可怕形式表现出来，如在亡命之徒、社会名流、好色的雇佣军、监狱与集中营的看守兵的性虐待狂和色情狂的放荡行为中表现出来。性欲的这样一种释放为不堪忍受的挫折提供了周期性的必要贯注的机会，它加强了而不是削弱了本能压抑的基础，因此，它一再被用作遏制性统治的支柱。相反，被改造过的力比多在被改造过的机构中得到了自由发展，它虽然使以前受禁的区域、时间和关系爱欲化了，但它将把纯粹性欲的各种表现结合进一个包括工作秩序在内的更大得多的秩序中，使这些表现减少到最低限度。在这种情况下，性欲将趋向于自我升华，因为力比多不仅恢复前文明的幼儿阶段，而且还将改变这些阶段的反常内容。

性反常行为一词所指的是具有根本不同起源的性现象。凡是与文明相悖的本能表现，与压抑性文明，特别是一夫一妻制的性器恋至上性相悖的本能表现，同样都会受到禁忌。但是，举例说来，在本能的历史原动力内部，嗜粪癖和同性恋具有截然不同的作用和功能。[①]在同一种性反常行为内部也存在着类似的差别：如在一种自由的力比多关系中与在希特勒秘密警察部队的活动中，性虐待狂的作用就不一样。这些性反常行为的非人道的、强制的、强迫的、破坏性的形式似乎与压抑性文化中的人类生存的一般反常行为有关，但这些性反常行为还有一个与这些形式不同的本能实体，而且这个实体很可能以其他

① 参见本书第二章。

的、与高级文明中的正常状态一致的形式表现出来。受遏制的本能的各组成部分和构成阶段具有这样的命运，并非都是因为它们阻碍了人和人类的进步。操作原则所要求的忠贞、规矩、纯洁和繁殖并不一定是属于某个成熟文明的东西。前历史的、幼儿的愿望和态度的恢复也不一定就是倒退。事实很可能正好相反。这种恢复可能接近于某种幸福，这种幸福一直是关于某个美好未来的被压抑的许诺。弗洛伊德的一个最成熟的思想就是把幸福定义为“前历史的愿望在后来的实现。这就是为什么财富不能带来多大幸福的原因，因为金钱不是幼时的愿望”。①

但是，如果人类幸福取决于幼时愿望的实现，而在弗洛伊德看来，文明就取决于对最强烈的幼时愿望即奥狄帕斯愿望的遏制，那么，在一个自由的文明中，幸福的实现是否仍必须要有这种遏制呢？或者力比多的这种改变是否会消除奥狄帕斯状况呢？在我们的假设中，作这样的推测是没有意义的。奥狄帕斯情结虽然是神经症冲突的主要根源和主要方式，但肯定不是文明中的不满的核心原因，不是消除这些不满的核心障碍。甚至在一种压抑性现实原则的统治下，奥狄帕斯情结也会“消失”。弗洛伊德对“奥狄帕斯情结的消失”提出了两个一般的解释：“它由于屡遭失败而开始灭绝”；或者“它必须完结，

① 欧内斯特·琼斯：《西格蒙特·弗洛伊德的生平和著作》，第一卷（纽约，1953年），第330页。

因为它的结束的时间已到，这正如恒牙生出时，乳牙必将脱落一样”。[①]在这两种情况下，奥狄帕斯情结的消失都是很自然的事情。

我们刚才谈到了性欲的自我升华。这个词意味着，在特定条件下，性欲可以创造高度文明的人类关系，而不屈从于现存文明对本能的压抑性组织。这样的自我升华的前提是，历史的进步突破了操作原则的机构，而这个进步转而又导致本能的倒退。对本能的发展来说，这种倒退就意味着从以生殖作为目的的性欲向“从身体的某些区域获取快乐”的性欲的倒退。[②]随着这种原始性欲结构的恢复，生殖器功能至上性，同与之相随的肉体的非性欲化一起被打破了。整个有机体都成了性欲的基础，同时本能的目标也不再完全体现在某种特殊的功能上，即“与异性生殖器相接触”。[③]本能的领域和目标由于得到了这样的扩大，也就成了有机体本身的生命。这个过程借助其内在的逻辑，几乎必然地表明了，在概念上性欲转变成了爱欲。

弗洛伊德在后期著作中引入爱欲一词肯定是出于某些不同的理由。因为爱欲作为生命本能，指的是一种较大的生物本能，而不是一个较大的性欲范围。[④]但弗洛伊德没有严格区分

---

① 弗洛伊德：《论文集》，第二卷，第269页。
② 弗洛伊德：《精神分析大纲》（纽约，1949年），第26页。
③ 同上书，第25页。
④ 参见西格弗里德·伯恩弗尔德和爱德华·比伯林在《影像》第二十一、二十二卷(1935年，1936年)中的论文。

爱欲与性欲，而且他对爱欲一词的用法(特别是在其《自我与本我》、《文明及其不满》、《精神分析大纲》中)也表明，爱欲是性欲本身的意义的扩大。这些现象可能都不是偶然的。即使弗洛伊德没有明确提及柏拉图，但重点的变化仍是很明显的，因为爱欲所指的是性欲的量的扩张和质的提高。因此，这个改变了的概念似乎也需要提出一个相应变化的升华概念。性欲的变化与爱欲的变化并不是一回事。弗洛伊德的升华概念指的是性欲在某个压抑性现实原则统治下的命运。因此，升华指的是本能的目的和对象所发生的一个变化，“在这方面，我们社会的价值标准起着重要作用”。[①]这个词可以用来指一组无意识过程，它们的共同特征是：

> ……由于受到内外夹攻，对象-力比多的目标经历了某种多少可说是完全的偏离、变化或抑制。在绝大多数情况下，新的目标是与性的满足风马牛不相及的，就是说，它是反性欲或非性欲的。[②]

这种升华方式在很大程度上决定于特定的社会要求，因而不能自动地推广到其他一些具有不同“社会价值标准”的较少

① 弗洛伊德：《精神分析引论新编》(纽约，1933 年)，第 133 页。
② 爱德华·格洛弗：《升华、替代和社会焦虑》，载《国际精神分析杂志》，第十二卷，第 3 期(1931 年)，第 264 页。

受压抑的文明中。在操作原则统治下，力比多向有用的文化活动的偏移，是幼儿期以后发生的。接着，升华就开始对这种已经受到影响的本能结构发生作用了，这包括对性欲在功能和时间方面加以限制，把性欲纳入一夫一妻制的繁殖的轨道，以及使大部分肉体非性欲化。升华借助于这种已经受到影响的力比多及其占有性的、扩展性的、攻击性的力量而发挥作用。这种实际升华的前提是对快乐原则的压抑性改变，而实际的升华又把压抑性成分引入于社会有用的活动中。

然而，还有一些其他方式的升华。弗洛伊德谈到了一些目标受抑的性冲动，我们不能说它们已得到了升华，但它们与升华了的冲动很接近。“它们没有放弃其直接的性目标，但内在的抵抗使它们不能达到这些目标。只要得到一些近似的满足，它们也就满意了。”[①]弗洛伊德把它们称为“社会本能”。在举例时，他提到了“父母与子女之间的柔情，朋友之间的友情以及来自性吸引的婚姻中的情感关系”。而且，在《集体心理学与自我的分析》中，弗洛伊德还强调了社会关系(文明中的共同体)依赖于升华的和未升华的力比多关系的程度：“对女人的性爱”以及“对其他男人的非性欲化的、升华的同性恋爱”在此成了一个持久的、扩展的文化的本能基础。[②]这个思想，在弗

① 弗洛伊德为《百科全书》撰写的“力比多理论”条目，重印于他的《论文集》，第五卷，第134页。

② 弗洛伊德：《论文集》，第52页。

洛伊德自己的著作中，暗示了一种截然不同于来自压抑性升华的文明的文明观，这是一种产生于并不断得力于自由的力比多关系的文明。盖佐 · 罗哈姆运用了弗伦采的“非生殖性力比多”[①]的观念来支持其关于文化的力比多根源的理论。随着极端紧张状态的消除，力比多又重新从对象流回肉体，而“整个有机体重新获得力比多的结果是产生了一种幸福感，这种幸福感使人的器官获得了工作的报偿和作进一步努力的刺激”。[②]这个概念假定了“力比多具有一种发展文化的非生殖器恋趋向”，换言之，假定了力比多自身固有的、表现文化而又*不受*外部压抑性变化的趋向。力比多的这种“文化”趋向似乎是*非生殖器*性欲的，即它*摆脱*了生殖器的至上性而趋向于使整个有机体爱欲化。

这些概念差不多承认了非压抑性升华的可能性。余下的有待推测。确实，在现存现实原则统治下，非压抑性升华只是在边缘领域和不完整的领域才能出现，其充分发展的形式乃是没有非性欲化过程的升华。本能没有被引离其目标，它在非性欲的(即非“组织起来的”生殖器性欲的，但仍属于力比多和爱欲

① 《生殖理论研究》(莱比锡，1924 年)，第 51—52 页。

② 罗哈姆：《文化的起源与功能》(纽约，1943 年)，第 74 页。在他为《精神分析年鉴》(1945 年)撰写的“升华”条目中，他强调，在升华中“本我的努力重新征服了以伪装出现的领地”。因此，“与现行的观点相反，……在升华中，我们没有任何由超我从本我中夺得的领地，正相反，我们所有的乃是被本我淹没了的超我领地”(第 117 页)。这里强调的也是力比多在升华中的*上升*趋向。

的）活动和关系中得到了满足。只要压抑性升华还在流行并决定着文化，那么非压抑性升华就必定与整个社会功用领域相矛盾。从这个领域来看，它全盘否定了众所公认的生产和操作。俄耳浦斯和那喀索斯形象得到了恢复。柏拉图责怪俄耳浦斯太“软弱”（他只是一位竖琴师），①这种软弱的表现，同那喀索斯的拒绝“参与”一样，受到了诸神的应有惩罚。在真实的现实面前，它们受到了谴责，因为它们拒绝必需的升华。但是，

> 升华并非总是对欲望的否定，并非总是与本能**对立**的升华。它可以是为了某个理想的升华。因此那喀索斯不再会说：“我爱实际存在的我本身。”他会说：“我的实际存在使我爱自己。”②

在改变了个体及其环境的力比多关系中，俄耳浦斯和那喀索斯的爱欲吞没了现实。但力比多关系所作的这种改变只是少数个体的孤立行为，因此它将导致死亡。即使升华不是触犯本能而是肯定本能，它必定仍是一个具有共同基础的超个体过程。作为一种孤立的个体现象，那喀索斯的力比多的恢复并不利于文化，而是神经症的：

> 很明显，神经症与升华的区别是这个现象的社会方

① 柏拉图：《会饮篇》。
② 加斯东·巴歇拉尔：《水和梦》（巴黎，1942年），第34—35页。

> 面。神经症是孤立的，而升华则是联合的。在升华中创造了某种新的东西——房屋、群体和工具，而且这种东西是集体创造的，或者是为了集体的使用而创造的。①

力比多仅仅作为一种社会现象才可走自我升华之路，因为力比多作为一种未被压抑的力量，只是在一定的条件下才能促进文化的形成。这些条件使联合起来的个体和睦相处，以塑造适合于他们发展着的需要和机能的环境。如果有机体不再作为异化劳动的工具而是作为自我实现的主体，换言之，如果于社会有利的工作同时也就是某种个体需要的明显满足，那么多形态性欲和那喀索斯性欲的恢复就不再对文化构成威胁了，它本身将有助于文化。在原始社会中，这种于社会有利的工作的组织可能是直接的、“自然的”，而在成熟文明中，可把它看做解放的结果。在这样的条件下，想“在肉体区域获得快乐”的冲动可能进一步从持久的、扩展着的力比多关系中去寻找目标，因为这种扩展增加并加强了本能满足。而且，爱欲的本性丝毫不能证明，这种冲动的扩展将以肉体领域为限。如果有机体对抗性的身心分离本身乃是压抑的历史结果，那么克服这种对抗就将使冲动进入精神领域。一种容易接受感官影响的理性的审美观表明了这样一种趋势。这本质上有别于升华，因为精神领域

① 罗哈姆：《文化的起源与功能》，第 74 页。

在成为爱欲的“直接”对象的同时，仍然是一个力比多对象，它的能量和目标均无变化。

爱欲与爱神归根到底是同一个东西(不是说爱欲是爱神，而是说爱神是爱欲)，这个看法，在神学存在了近两千年以后的今天，可能听来有点奇怪。把柏拉图作为这种等同论的一个支持者似乎也是没有道理的，因为正是柏拉图本人把爱欲的压抑性定义引进了西方文化的氛围之中。而且，《会饮篇》还极其明确地赞美精神关系具有的性的起源和实质。在第俄提玛看来，爱欲驱使人们从对某个美的事物的欲望发展成对另一个美的事物的欲望，并最后发展成对所有美的事物的欲望，因为“一个事物的美与另一个事物的美是类似的”，因此“看不到每个事物的美的同一性”乃是愚蠢的。正是从这种真正多形态的性欲中，产生了对使被欲求物充满生气的东西(精神及其诸表现)的欲望。在爱欲的实现中，从对一个人的肉体的爱到对其他人的肉体的爱，再到对美的作品和消遣的爱，最后到对美的知识的爱，乃是一个完整的上升路线。通向高级文化之路要经过一个真正的同性恋阶段。精神的“生育”同肉体的生育一样，都是爱欲的工作；正当的、真正的波里斯[1]秩序同正当的、真正的爱的秩序一样，都是爱欲的秩序。爱欲具有的文化建设力量是非压抑性的升华，因为性欲的目标既没有被偏移，也没

[1] 历史上对古希腊城市国家的通称，也是城邦的通称。——编者

有受阻碍。相反，在获得这个目标时，它并不就此罢休，还想追求其他目标，追求更充分的满足。

弗洛伊德对爱欲的定义是，它是“使生命体进入更大的统一体，从而延长生命并使之进入更高的发展阶段”[①]的一种努力。这个定义由于提倡非压抑性升华的观点而获得了更丰富的含义。生物内驱力成了文化内驱力。快乐原则显示了自身的辩证法。爱欲的目标是要维持作为快乐主—客体的整个身体，这就要求不断完善有机体，加强其接受性，发展其感受性。这个目标还产生了爱欲自身的实现计划：消除苦役，改造环境，征服疾病和衰老，建立安逸的生活。所有这些活动都直接源于快乐原则，同时，它们也是把个体联合成“更大统一体”的努力。它们由于不再限于操作原则的摧残性范围，因此可以在改变冲动的同时又不使之与其目标相偏离。这里有升华，因而也有文化。但这种升华是在一系列扩展着的、持久的力比多关系中实现的，而这些力比多关系本身就是工作关系。

这种关于爱欲具有的工作倾向的观点，对精神分析来说，并不陌生。弗洛伊德本人曾指出，工作“为力比多构成的冲动，包括那喀索斯冲动、攻击冲动甚至爱欲冲动，提供了一个大量释放的机会”。[②]我们曾对这种说法表示过疑问。[③]因为它

① 弗洛伊德：《论文集》，第五卷，第 135 页。
② 弗洛伊德：《文明及其不满》（伦敦，1949 年），第 34 页注。
③ 参见本书第四章。

对异化劳动与非异化劳动(劳动与工作)未加区分。事实上，前者本质上对人的潜能，因而对进入工作的力比多构成的冲动是具有压抑性的。但是，如果从弗洛伊德在其《集体心理学与自我的分析》一书中所提出的社会心理学的背景来看，这个说法又有一种不同的意义。弗洛伊德表明，“力比多以重要生命需要的满足为后盾，并把参与这个满足过程的人作为首要的对象”。[①]这个思想，如果其意义得到充分揭示，差不多会取消弗洛伊德的一个基本假定：“生存斗争”(就是说，“满足重要生命需要”的斗争)本身是反力比多的，因为它必然导致压制性的现实原则对本能的管制。必须注意，弗洛伊德不只是把力比多与重要的生命需要的满足相联系，而且还与人类获得满足的联合努力，即与工作过程相联系：

> ……经验表明，在合作的情况下，力比多关系通常是在工友之间形成的，它们扩大并巩固了工友之间的关系，使之超出了纯粹的功利性。[②]

如果真是如此，那么缺乏就不是文明的本能压制的充足原因，因此也不是否定一种非压抑性力比多文化的可能性的充足理

① 弗洛伊德：《集体心理学与自我的分析》，第 57 页。
② 同上。

由。弗洛伊德在其《集体心理学与自我的分析》一书中所作的表明不只是在重新阐述其关于爱欲是文化的创造者的思想。这里，文化倒成了爱欲的创造者，就是说，成了爱欲的内在趋向的“自然”实现。弗洛伊德文明心理学的基础是缺乏与本能的自由发展之间的尖锐对立。但如果缺乏本身也成了力比多发展的主要领地，这个矛盾也就不复存在了。生存斗争不仅不一定会取消本能自由的可能性（如我们在第六章所表明的），而且甚至还会成为本能满足的一个“支柱”。构成文明基础的工作关系，因而还有文明本身，都将得到没有失去性欲的本能能量的“支持”。于是整个升华概念遇到了危机。

现在可以对没有（压抑性）升华的工作、于社会有利的活动问题重新加以讨论了。这个问题表现为工作性质的变化问题。由于这种变化，工作与消遣、即与人机能的自由消遣同化了。这样一种变化的本能前提是什么呢？巴巴拉·兰托丝在其《工作与本能》[①]一文中为回答这个问题作了最有意义的努力。她根据与这些活动有关的本能阶段来定义工作与消遣，她认为消遣完全服从快乐原则：就快乐激动了爱欲区而言，它本身也在运动中。“消遣的基本特征是，它是自在地起满足作用的，除了本能满足之外，没有任何其他目的。”决定着消遣的冲动是

① 巴巴拉·兰托丝：《工作与本能》，载《国际精神分析杂志》，第二十四卷（1943年），第3和第4部分，第114页以后。

前性器冲动，因为消遣表现了无目标的自体爱欲，并满足了那部分已引向客观世界的本能。相反，工作则是为自身以外的目的，即自我保存的目的服务的。“工作是自我的积极奋斗，以求从外部世界获取为自我保存所需的一切。”消遣与工作之间的这种对比，在本能组织与人类活动组织之间，确立了一种平衡：

> 消遣是自在目标，工作则是自我保存的主体。构成性的本能和自体爱欲活动的寻求不会产生其他后果的快乐；而生殖活动则是为了生育后代。这种性本能的生殖组织在自我本能的工作组织中有一个对应物。[①]

因此作为消遣或工作的活动的标志乃是其目的而不是其内容。[②]本能结构发生的某种变化（如从前生殖器阶段到生殖器阶段的变化）将与人类活动的本能价值的某种变化有关，而不管其内容如何。例如，如果工作伴有一种前生殖器的多形态爱欲的恢复，那么工作就可能自在地具有满足作用，同时却又不失其工作内容。现在，作为征服了缺乏和异化的结果而出现的，正是这样一种多形态爱欲的恢复。因此变更了的社会条件将为

① 巴巴拉 · 兰托丝：《工作与本能》，第117页。
② 同上书，第118页。

工作转变成消遣提供本能基础。在弗洛伊德看来，获得满足的努力越不受统治利益的阻碍和支配，力比多就越能自由地以重要生命需要的满足为依靠。升华和统治结合在一起了，因此，取消升华和改变本能结构的结果，将改变已成为西方文明特征的对待人和自然的基本态度。

在精神分析文献中，力比多工作关系的发展通常被归于"作为某种文化主流的一般的母性态度"。[①]因此，这种发展被看做是原始社会的一个特征，而不是成熟文明的一个可能存在的事件。玛格丽特·米德对阿拉佩斯文化的解释就完全集中在这种态度上：

> 对阿拉佩斯人来说，世界乃是一个必须耕耘的花园，这不是为了某个人的自我，不是为了自吹自擂，不是为了囤积获利，而只是为了使草木、猪狗和大多数孩子生长起来。从这种总的态度中，产生了许多阿拉佩斯人的其他特征：老幼没有冲突，嫉妒无以滋生，合作受人尊崇。[②]

在上述描述中，最重要的是出现了对世界的根本不同的经验：自然不是被作为统治和开发的对象，而是作为可以成长、同时

① 罗哈姆：《文化的起源与功能》，第 75 页。

② 玛格丽特·米德：《三个原始社会中的性及其节制》（纽约，1952 年），第 100 页。

也使人类生长起来的一个“花园”。正是这种态度把人和自然看做是统一存在于某个非压抑性的，但仍履行着其功能的秩序之中。我们已经看到，其他一些最离经叛道的思想传统，如对操作原则的哲学反抗、俄耳浦斯和那喀索斯原型以及审美思想，都持有此种观点。但是，虽然精神分析和人类学对这样一种秩序的看法定向于前历史和前文明的过去，可是我们对这个概念的讨论却定向于未来，定向于完全成熟的文明状况。性欲向爱欲的转变及其向持久的力比多工作关系的扩展的前提是，对巨大工业设施和高度专门化的社会劳动分工的合理组织，对具有巨大破坏作用的能力的充分利用以及广大民众的通力合作。

关于发达工业社会中力比多工作关系的观念在思想传统中没有什么根据，而且只要什么地方出现了这样的根据，这种根据似乎就具有危险性。把劳动转变为快乐是傅立叶的宏伟的社会主义乌托邦中的核心思想。如果

> 劳动真是造物主赋予我们的命运，那么我们怎么能相信上帝竟会迫使我们劳动，相信上帝竟不懂得运用某些崇高的手段、某种诱饵，使工作变为快乐的活动呢？[1]

傅立叶坚持认为，这种转变要求彻底改变社会机构：社会产品

---

[1] F·阿曼德等编：《傅立叶原著精选》（巴黎，1937年），第三卷，第154页。

按需分配，职务按个体的机能和爱好安排，工种不断变换，工作时间日益缩短等等。但“具有吸引力的劳动”的可能性首先来自力比多能量的释放。傅立叶认为有一种吸引力，它有利于人们愉快地进行合作劳动。其根据是人本性中的激情的吸引力，这种吸引力尽管被理性、责任和成见所反抗，仍能坚持存在。它有三个主要目标，即造就舒适的环境或使感官愉悦；形成力比多团体(友谊和爱情)；建立和谐的秩序，以组织这些团体按照个体“激情”的发展从事工作(各种机能的内部和外部的“消遣”)。[①]傅立叶比任何其他空想社会主义者都更接近于这样一种思想：自由取决于非压抑性升华。但是，在他为这个理想的实现而描绘的详细蓝图中，他把升华拱手交给了巨大的社会组织和管理机构，因而仍保留了压抑性成分。法伦斯泰尔的工作共同体所期望的是“欢乐的力量”而不是自由，是大众文化的美化而不是大众文化的消除。可是，作为自由消遣的工作不能被管理；理性程序只能管理和组织异化劳动。非压抑性升华正是以这个领域为基础，同时又超出这个领域，创造了它自己的文化秩序。

我们要再一次强调，非压抑性升华与操作原则机构是完全相左的，因为它正是对后者的否定。这个矛盾之所以越来越重

① F·阿曼德等编：《傅立叶原著精选》(巴黎，1937年)，第二卷，第240页以后。

要，是因为后弗洛伊德的精神分析理论本身表现了一种明显的倾向，即想消除这个矛盾，并把压抑性生产作为人类自我实现加以赞美。艾夫斯·亨德里克在其《工作与快乐原则》[①]一文中提供了一个鲜明的例子。他表明，“行使可用于工作的生理器官的能量和需要”不是来自力比多，而是来自某种特定的本能，即“支配本能”。它的目标是要“熟练地运用知觉的、理智的和运动神经的技能以控制或改变一部分环境”。这种要求“一体化和熟练操作”的内驱力，“在心理和情感的经验中，被作为有效地从事工作的需要”。[②]由于工作本身被这样假定为是对某个本能的满足，而不是对它的“暂时否定”，于是在有效的操作中，工作也“产生快乐”。工作的快乐产生于支配本能的满足。但“工作的快乐”与力比多的快乐通常是重合的，因为“一般说来，甚至也许是绝对说来，具有与工作同样作用的自我组织同时也被用以释放额外的力比多张力”。[③]

不消说，对弗洛伊德理论的这种修正乃是一种倒退。假定任何特定本能的存在将会导致循环论证，而假定一种特定的“支配本能”的存在则更有害，它使弗洛伊德建立的“心理机

① 艾夫斯·亨德里克：《工作与快乐原则》，载《精神分析季刊》，第十二卷，第3期(1943年)。

② 同上书，第314页。

③ 同上书，第317页。

制”的整个结构和原动力毁于一旦。而且，它把操作原则的最具压抑性的特征解释为某种本能需要的满足，从而把这些特征也抹煞了。纯而又纯的工作乃是现实原则的主要社会表现。就工作取决于本能满足的延缓和偏离而言（而且在弗洛伊德看来确是如此），它是与快乐原则相矛盾的。如果工作的快乐和力比多的快乐“通常是重合的”，那么现实原则这个概念本身就变得没有意义和多余的了，而且弗洛伊德所描述的本能变迁至多不过是一种非正常的发展。像亨德里克那样提出一种不同于现实原则的工作原则，同样也不能拯救现实原则。因为如果现实原则不支配工作，那么，实际上现实中就没有任何东西是受它支配的。

确实，在“可用于工作”的肉体器官的熟练操作中，工作可以产生快乐。但这是哪一种工作，产生的又是哪一种快乐呢？如果快乐确实就在工作行为中，而不是游离于工作之外，那么，这样的快乐就必定来自活动着的肉体器官和肉体本身，它使爱欲区活跃起来，或者说使整个肉体爱欲化，换言之，它必定是力比多快乐。在受操作原则支配的现实中，这样的“力比多”工作是绝无仅有的事情，它只是作为“嗜好”、消遣而发生在工作世界之外或其边缘，或者是发生在直接的爱欲场合。在现行劳动分工中的那种正常的工作（即于社会有用的职业工作）使得个体在工作中不能满足他自己的冲动、需要和机能，而只是履行某种预先确立的功能。但亨德里克根本没有注意到异化劳动这个事实，殊不知这是在现行现实原则统治下占统治地位的工作方式。在异化劳动中无疑也有“快乐”。打出准确文本的打字员，裁出合体服装的缝纫师，做出漂亮发型的美容厅理发师，完成定额工作的劳动者，所有这些人都会在一个“完成得很出色的工作”中得到快乐。但是这种快乐不是外在的(预期报偿)，就是某些理想实现的结果，即有一个好职业，或为生产设施的运行贡献自己的绵薄之力(而这本身就是压抑的一个标志)。无论在哪种情况下，这样的快乐都与主要本能的满足无缘。把装配线上、办公室里和商店中的各种操作与本能需要相联结，就等于是在把人性的丧失作为快乐来赞美。亨德里克把一支军队的有效工作看做是对人有效地从事工作的愿望的崇高检验，这是不足为怪的，这是因为他所说的这支军队并不“想要胜利或争取一个令人愉快的未来”。它之所以坚持战斗，并没有任何别的原因，而只是因为打仗是士兵的天职，因此“履行这种天职便是惟一而有意义的动因”。[①]说这是一个“天职”，因此必须履行，这实际上就是最极端的异化，是本能自由和理智自由的彻底丧失，是对人要获得第一本性而不是第二本性的活动所作的压抑。

与这样一些异端邪说相反，精神分析理论的真正精神在于不懈地揭示关于生产性的哲学背后的反人道力量：

① 艾夫斯·亨德里克：《工作与快乐原则》，第324页。

在万事万物中，艰苦工作成了一种美德而不是为我们的远祖一直宣传的祸害……我们的孩子们应当这样来培养他们的后代，使他们不必去从事那种可构成神经症病因的工作。非工作不可乃是一种神经症症状。它是一种安慰，它企图使人感到自己有价值，即使是在对他的工作没有任何特殊需要的时候。[①]

① C·B·奇泽姆在“持久和平与社会进步的精神病学”讨论会上的发言，载《精神病学》，第九卷，第一期(1946年)，第31页。

# 第十一章　爱欲与死欲

在非压抑性条件下，性欲将“成长为”爱欲，就是说，它将在有助于加强和扩大本能满足的持久的、扩展着的关系(包括工作关系)中走向自我升华。爱欲想使自己在一种永久的秩序中长存不衰。这种努力在必然王国中遇到了第一个反抗。确实，世界上普遍的缺乏和贫困可被有效地克服，以便普遍的自由逐渐成长，但这种克服似乎是自行推进的，是一种持久的劳动。所有技术的进步，对自然的征服以及人和社会的合理化，都未能而且也不能根除异化劳动的必要性，即机械地、不悦地、以一种不代表个体的自我实现的方式工作的必要性。

但日益发展的异化本身却增加了自由的可能性，因为必要劳动越是变得外在于个体，就越不会使个体陷入必然王国。在摆脱了统治的要求之后，劳动时间和劳动能量在量上的减少，将导致人类生存发生质的变化：决定人类生存内容的，不是劳动时间，而是自由时间。不断扩展的自由王国真正成了消遣的王国，即个体机能得到自由消遣的王国。个体的机能在得到这样的解放以后，就将产生新的实现形式和发现世界的形式，而这些形式又会转而改变必然王国、改变生存斗争。人类现实的这两个王国之间关系的改变，也会改变合意的东西与合理的东西，即本能与理智之间的关系。随着性欲转变为爱欲，生命本能也发展了自己的感性秩序，而理性就其为保护和丰富生命本能而理解和组织必然性而言，也变得感性化了。于是审美经验的基础再次出现了，而且不只是在艺术家的文化中，还在生存斗争本身中。它具有了一种新的合理性。为操作原则的统治所特有的理性的压抑性并不属于必然王国本身。在操作原则统治下，性本能的满足在很大程度上取决于理性甚或意识的“悬置”，即取决于(合法地或非法地)暂时忘却私人的和普遍的不幸，取决于抛弃由合理的生活程序、地位和职位带来的义务与尊严。幸福如果不受到压抑和控制，它本质上几乎是不合理的。相反，在操作原则之外，本能满足越是需要自由合理性的有意识努力，它就越不会成为强加的压迫的合理性的副产品。本能越自由地发展，它的“保守性”也就越自由地表现出来。对**持久**满足的追求，不仅有助于建立一种扩大了的力比多关系的秩序(“共同体”)，而且有助于这个秩序更大规模地持续下去。快乐原则扩展到了意识领域。爱欲自己对理性作了重新规定。凡维持满足秩序的便是合理的。

由于生存斗争成了一种合作努力，以求争取个体需要的自由发展和自由满足，所以压抑性理性让位于一种新的**满足的**合理性，在这里理性与幸福汇聚了。这种合理性建立了它自己的劳动分工、先后次序和等级制度。操作原则的历史遗产是对物，而不是对人的管理，因为成熟文明的功能取决于大量协调的安排。而这些安排转而又必定支持着已被承认的和可被承认的权威。等级关系本身不是不自由的。文明在很大程度上就依赖于理性权威，这些权威以知识和必然性为基础，保护和保存着生命为目标。工程师、交通警察和航运中的飞行员的权威就是这样的权威。压抑与额外压抑的区别必须再次得到恢复。如果一个小孩感到“需要”在任何时候任意地横穿马路，那么对这种“需要”的压抑就不是对人类潜能的压抑，可能恰恰相反。在由文化劳动提供的娱乐中得到休息的需要本身是压抑性的，因此对这种需要的压抑便是向自由跨出的一步。如果压抑变得极其有效，以致在被压抑者看来，它具有了(虚假的)自由的形式，那么消除这样的自由就很容易表现为一种极权主义行为。这里再次出现了古老的冲突：人的自由不仅是个人私事，但如果自由不**也**是一件私事的话，它就什么也不是了。一旦私有性不再被看做脱离甚至对抗公共生存的东西，那么个体自由与整体自由也许就可以得到一种“公意”的调和，这种公意形成于以个体需要为目标的机构中。由公意所要求的克制和延迟将决不是愚蠢的、非人道的。实行这种克制和延迟的理由也决不是独裁主义的理由。但问题仍然存在：当不自由成了心理机制的主要部分时，文明怎样才能自由地产生自由？如果不能，那么谁又有资格建立和推行客观标准？

从柏拉图到卢梭，对这个问题的最可信的回答是教育专政的理想。实行这种专政的人据假定已获得了关于实在的善的知识。这个回答自那时以来就渐趋过时了。因为具备可用于为大家创造一种人类生存的手段的知识已不再是少数精英的特权了。这些事实极其明显，只要没有系统的阻碍和转向，肯定能为个体所认识。个体自身可以作出并证实压抑与额外压抑、理性权威与非理性权威之间的区分。他们现在不能作出这种区分并不意味着，一旦有了机会，他们也不能学会作这种区分。因此试错过程成了自由的一个理性过程。可以不现实地规划乌托邦的蓝图，但却不能这样来规划建立一个自由社会的条件。它们是理性的事情。

为反对这种自由文明观提供最强烈的论据的，不是本能与理性之冲突，而是本能在自身中创造的冲突。即使本能的多形态反常及放纵的破坏形式是由于额外压抑造成的，因而一旦额外压抑被消除，这些破坏形式就会服从力比多秩序，但本能本身仍处于善恶之彼岸，而且没有任何自由文明可以消除这种区分。简单的事实是，性本能在选择其对象时，并不受互惠原则的指导。这个事实乃是个体之间不可避免的冲突之根源，是认为性本能不可能自我升华的强有力论据。那么在本能自身中是否也许有一种“遏制”其内驱力的内在障碍呢？在爱欲中是否也许有一种“自然的”自我限制，使得其真正的满足要求延迟、绕道和受阻呢？如果这样，就可能有一些障碍和限制，它们不是由压抑性的现实原则从外部强加的，而是由本能自身确立并接受的，因为这些障碍和限制有内在的力比多价值。弗洛伊德事实上暗示了这种观点。他认为“无限制的性自由”一开始就不会导致完全的满足：

> 不难表明，一旦满足很容易得到，心灵对爱欲需要确立的价值标准便立即失效。有些障碍对于使力比多进入高潮是必不可少的。①

而且，他还考虑到，“很奇怪，性本能的某些本性有可能不利于绝对满足的获得”。②这个思想很模糊，很易于为意识形态的证明所利用：容易得到的满足的不良后果可能曾经是压抑性道德的最强有力的支柱之一。而且，根据弗洛伊德的理论，可以认为，本能中的“自然障碍”不但不会否定快乐，而且如果摆脱了古代的禁忌和外在的压制，还可能有助于形成快乐。快

① 弗洛伊德：《爱欲生活中最流行的退化形式》，载《弗洛伊德论文集》（伦敦，1950 年），第四卷，第 213 页。
② 同上书，第 214 页。

乐包含了一种自我决定的成分，它是人类征服盲目的必然性的象征：

> 自然不知道真正的快乐，只知道欲求的满足。一切快乐，无论是在升华的还是未升华的冲动中，都是社会性的。快乐源于异化。①

快乐同欲求的盲目满足的区别在于，在前一种情况中本能拒绝穷尽毕生精力来追求直接的满足，本能能够建立和运用障碍来获得满足。虽然本能的这种拒绝做了统治的工作，它也还可以服务于相反的目的，即使非力比多关系爱欲化，使生物学的张力及其消除转变为自由的幸福。那些阻止获得绝对满足的障碍现在不再被用作使人从事异化操作活动的工具，而成了人类自由的组成部分。它们保护着另一种产生快乐的异化，这不是人对自身的异化，而是人对纯粹的自然的异化，是人的自由的自我实现。人将真正作为个体而存在，人各自塑造着自己的生活。他们将使每个人具有真正不同的需要、真正不同的满足方式，即具有自己的取舍自由。取得支配地位的快乐原则将导致对抗、痛苦和挫折，即在追求满足过程中的个体冲突。但这些

① 马克斯·霍克海默尔和特奥多尔·W·阿道诺：《解释的辩证法》（阿姆斯特丹，1947 年），第 127 页。

冲突本身也有其力比多价值，因为它们浸透了满足的合理性。这种感性的理性包含着它自己的道德律。

不仅弗洛伊德关于对绝对满足的本能障碍的看法，而且他对超我的精神分析解释，都暗示了关于一种力比多道德的思想。我们已经知道，超我，作为道德的心理代表，并不明确地代表现实原则，特别是不代表那个令人可怕的、使人痛苦的父亲。在许多情况下，超我似乎在与本我秘密联姻，捍卫着本我反对自我和外部世界的主张。因此沙里斯·奥迪尔认为，一部分超我“最终代表着原始阶段，而在那时道德尚未摆脱快乐原则”。[①]他谈到了在接受现实原则之前的、前生殖器的、前历史的、前奥狄帕斯式的“伪道德”，并称这种伪道德的心理代表为超本我。在个体中表现这样一种前生殖器道德的精神现象乃是以母亲自居的自居作用，它表现在一种阉割欲望，而不是阉割威胁中。它可能是一种倒退趋向的残余，是原始母权的回忆，也是“阻止当时流行的妇女特权丧失现象的象征性手段”。在奥迪尔看来，这种前生殖器的、前历史的超本我道德是与现实原则不符的，因此是一种神经症因素。

如果作进一步的分析，那么这种“超本我”的奇怪痕迹就表现为另一个丧失了的现实的痕迹，或者说是另一种丧失了的

① 沙里斯·奥迪尔：《论超我》，载《国际精神分析杂志》，第十二卷（1926年），第280—281页。

自我与现实的关系的痕迹。浓缩于现实原则之中的、在弗洛伊德那里占统治地位的现实观“与父亲结合在一起”。现实，作为一种敌对的、外在的力量，与本我和自我相对立。因而相应地，父亲也主要是一个敌对的形象，阉割威胁象征着他的权力，这是“用于阻碍对母亲的力比多冲动得到满足”的一种权力。成长着的自我由于服从这种敌对的力量而变得成熟起来：“屈从于阉割威胁”乃是“在现实原则基础上确立自我的决定性步骤”。[①]但自我所面临的那种作为外在的对抗力量的现实既不是惟一的也不是主要的现实。自我的发展是“脱离原始自恋”的发展。在这个早期阶段，现实“并不是外在的，它就存在于原始自恋的前自我之中”。它并不敌对、外在于自我，相反，“它与自我密切相关，甚至最初是与自我不可分割的”。[②]这种现实最初(并且最后?)是在儿童对母亲的力比多关系中被体验到的。这种力比多关系一开始处在“前自我”范围内，只是到了后来才与之分离。随着这种原初统一的分崩离析，出现了一种“想重建这种原初统一的强烈欲望”，这种原初统一就是“婴儿与母亲之间的力比多流动”。[③]在这个最早阶段的“前自我”与现实的关系中，那喀索斯的爱欲与母亲的爱欲似乎是

① 汉斯·W·洛瓦尔德：《自我与现实》，载《国际精神分析杂志》，第三十二卷(1951 年)，第一部分，第 12 页。

② 同上。

③ 同上书，第 11 页。

同一个爱欲，而且对现实的原始经验也就是对一种力比多联合的原始经验。个体前生殖器的那喀索斯阶段“重演”了人类史上的母权制阶段。这两个阶段都构成了一个现实，自我对待这种现实的态度不是保卫和顺从，而是与“环境”的完全同一。但在父权制现实原则看来，这里出现的母权制的现实观立即变成了某种否定性的、可怕的东西。想重建已经失去的那喀索斯-母亲的联合的冲动被看做是一种“威胁”，即被母亲的力量无比的子宫所吞没的威胁。[①]敌对的父亲得于免罪并以救星的身份再现，他在惩罚乱伦愿望的时候使自我不至于在母亲那里毁灭。在成熟文明中，在成熟自我的统治下，对待现实的那喀索斯-母亲的态度是否就不能以一种不太原始的、不太贪婪的形式出现，这问题是不存在的。相反，一劳永逸地将这种态度压制下去倒是理所当然的事情。家长制的现实原则支配着精神分析的解释。只是在这个现实原则之外，超我的“母亲”形象所包含的才可以是希望而不是记忆痕迹，是自由的未来而不是黑暗的过去。

但是，即使可以在本能结构中追寻一种母亲的力比多道德，即使一种感性的合理性可以使爱欲自由地服从秩序，似乎还存在着一个最内在的障碍，它不允许任何非压抑性发展的计

① 汉斯·W·洛瓦尔德：《自我与现实》，载《国际精神分析杂志》，第三十二卷(1951 年)，第一部分，第 15 页。

划。这个最内在的障碍就是连接爱欲与死亡本能的纽带。死亡这个严峻的事实一次性地取消了一种非压抑性生存的现实性。因为死亡是对时间的最终否定，而“欢乐则希望永恒”。无时间性是快乐的理想。时间对本我这个原初的快乐原则领域无能为力。快乐只有通过自我才能成为现实，但这种自我却是完全受时间控制的。单单是对在任何时候都有可能出现的生命难免终结的预感，就已经在所有力比多关系中引入了一种压抑性成分，并使快乐本身变成痛苦。人的本能结构所遇到的这种原始挫折成了所有其他挫折及其社会后果的取之不尽的源泉。人们知道，“快乐无论如何不能持久”，任何快乐都是短命的，一切有限物的出生之日也就是它们的死亡之时，快乐就是如此。在社会有步骤地迫使人顺从之前，人就已经顺从了。在坚持那些使自由降为持久的乌托邦的法律、秩序、顺从和机构的时候，时间的流逝是社会的最自然盟友。时间的流逝有助于人们忘却过去存在的东西和可能存在的东西，使人们不去顾及美好的过去和美好的未来。

这种忘却能力本身是长期而可怕的经验教育的结果，它是心理和精神卫生的必不可少的要求，没有这种要求，文明生活将是难于忍受的，但它也是一种保持屈从和克制的心理机能。忘却也就是容忍那些一旦出现了公正和自由就不应当予以容忍的东西。这样的容忍再生产了不公正和奴役的再生产条件，因为忘却以往的苦难就是容忍而不是战胜造成这种苦难的力量。

在时间中治愈的创伤也是含毒的创伤。思想的一个最崇高的任务就是反对屈从时间，恢复记忆的权利，把它作为解放的手段。在黑格尔《精神现象学》的结论中，在弗洛伊德理论中[①]都出现了具有这种功能的记忆。同忘却能力一样，记忆能力也是文明的产物，也许是文明的最古老、最基本的心理成就。在培养记忆，特别是对义务、契约、责任的记忆活动中，尼采看到了文明道德的起源。[②]这一背景揭示了文明中记忆培养的片面性，因为这种机能只是用来记忆责任而不是记忆快乐。与记忆有关的乃是内疚感、有罪和罪恶。常常呈现于记忆中的，是不幸和惩罚的威胁，而不是幸福和自由的希冀。

不释放记忆的被压抑内容，不释放其解放力量，非压抑性升华是不可想象的。从俄耳浦斯神话到普罗斯特小说；幸福和自由一直是与恢复时间的观念相联结的。记忆恢复了失去的时间，这是得到满足和实现的时间。深入于意识之中的爱欲被记忆所推动。它凭着这种记忆反抗克制的秩序，并以这种记忆努力在一个受时间统治的世界上战胜时间。但只要时间仍保留着对爱欲的权力，幸福本质上还是一件过去的事情。失去的天堂才是真正的天堂，这一极妙的格言肯定并挽救了失去的时间。失去的天堂之所以是真正的天堂，不是因为回想到的过去的欢

① 参见本书第一章。
② 尼采：《道德谱系学》，第二部分，第 1—3 节。

乐似乎比眼下的快乐更美妙，而是因为只有记忆才能提供一种无需忧虑其消逝的欢乐，因而也只有记忆才能使欢乐具有一种本来不可能具有的持久性。一旦记忆恢复了过去，时间便失去了其威力。

但这种对时间的征服还只是艺术上的、不真实的。记忆，除非被转变成历史行动，就决不是实在的武器。因此，反对时间的斗争就成了反对统治的斗争的一个重要环节：

> 革命阶级在采取行动时，具有打破历史延续的有意识愿望。在七月革命期间就出现了这种意识。在战斗的第一天傍晚，不同的地方不约而同地向巴黎塔上的时钟开了火。[1]

激发人们努力去阻止时间流逝的并且使时间成为爱欲的死敌的，恰恰是时间与压抑秩序的联合。确实，时间的威胁、强盛时刻的逝去、对生命末日的忧虑，都可能使自身有能力满足爱欲，即成为“壮大力比多之流”的障碍。但祈求快乐原则的浮士德式的愿望所要求的，不是美妙的时刻，而是永恒。爱欲，在追求永恒时冒犯了一些重大禁忌，因为这些禁忌只允许作为一种暂时的、受控制的状况的力比多快乐存在，而不允许把这

---

① 沃尔特·本加明：《论历史概念》，载《新观察》（1950 年），第 568 页。

种快乐作为人类生存的持久源泉。事实上，一旦时间与现存秩序的联合瓦解，“自然”的私人不幸就不再会支持有组织的社会不幸了。人的实现之蜕变为乌托邦也就不可能在人的本能中得到任何恰当的反应了，解放的内驱力将具有它实际上还从未具有过的可怕力量。每一种健全的理性都站在法律和秩序一边，坚持认为永恒的快乐乃是以后的事情，并力图使反对死亡和疾病的斗争屈从于无休止的国家和国际安全的要求。

想在时间中保存时间、阻止时间、征服死亡，似乎无论如何是不合理的，而且，根据我们接受的死亡本能假设，是完全不可能的。那么难道正是这个假设使这种想法变得较为合理吗？死亡本能根据涅槃原则而起作用，它将趋向于得到一种毫无张力、毫无欲望的持久满足。这种本能趋向意味着，随着死亡本能接近这样一种状态，它的破坏性表现也将降到最低限度。如果这种本能的基本目标不是终止生命而是终止痛苦和消除张力，那么，在本能方面有点奇怪的是，生命越是接近于满足状态，生死冲突就越缓和。于是快乐原则和涅槃原则便汇聚了。同时，爱欲，在摆脱了额外压抑以后，将得到加强，而这种加强了的爱欲似乎又会同化死亡本能的目标。死亡的本能价值也将改变，因为如果本能是在一种非压抑性秩序中追求并获得其满足的，那么倒退的强制性将失去其许多生物学上的理论根据。随着苦难和欲望的消除，涅槃原则可能与现实原则相协调。使本能退回到某个“早期状态”的无意识引力，将受到合乎需要的、已经获得的生命状态的有力回击。本能的“保守性”在得到满足的现在也将失去其效力。死亡不再是一种本能目标了。当然，死亡仍是一个现实，甚至是一种最高的必然性，但这是一种人类未被压抑的能量将与之对抗、将对之发动最大的斗争的必然性。

理性和本能在这场斗争中将联合起来。在真正的人类生存条件下，在 10 岁、30 岁、50 岁或 70 岁时的病死与生命得到实现之后的“自然”死亡之间的差别，很可能是一种值得竭尽全部本能能量予以争取的差别。对文明提出巨大控告的，不是那些死亡的人，而是那些在他们必须死亡和希望死亡之前就已过早地死去的人，那些痛苦地死去的人。他们也证明了人类负有的不可救赎的罪恶。他们的死亡使人们痛苦地意识到，这种死不是必然的，它完全可以避免。它将动用压抑性秩序的所有机构和价值标准来平复对这种罪恶而产生的内疚感。于是，死亡本能与负罪感之间的深刻联系再次突出起来了。死亡本能的，或确切地说，死亡本能的社会功用的最广泛的表现之一也许是对死亡和疾病这个事实的“职业上的默认”。在一种压抑性文明中，死亡本身也成了一种压抑的工具。不管人们把死亡作为永恒的威胁而忧心忡忡，还是把它作为最高的牺牲来加以颂扬，或者把它作为一种不可改变的命运而加以接受，教人们默认死亡，都会将某种弃权的因素一开始就引入生命之中，这种弃权的因素就是屈从。这种因素抑制了“乌托邦”的努力。现存权力与死亡极其类似，因为死亡是不自由和战败的象征。今天的神学和哲学都争着庆贺死亡成为一种生存范畴：在把一个生物学事实转变为一种本体论本质时，它们对人类在它们帮助下所犯的罪恶大加祝福，就是说它们背叛了乌托邦的许诺。相反，一种不是作为压抑的婢女的哲学对死亡这个事实所作出的反应是伟大的拒绝，即拒绝俄耳浦斯这个解放者。死亡可以成为自由的一个标志。死亡的必然性并不排斥最终解放的可能性。死亡同其他必然性一样，也可以变得很合理，即变得无痛苦。人可以无忧无虑地死去，只要他们知道，他们所爱的东西没有遭受痛苦和被人忘却。在生命实现后，他们可以在一个自己选择的时刻自取灭亡。但即使最终出现了自由，那些痛苦地死去的人也不可能再生了。正是对这些人的回忆和人类对其牺牲者长期所怀的负罪感，使一种无压抑文明的前景暗淡下来了。

# 附录　对新弗洛伊德修正主义的批判

本世纪上半叶发生了根本性的社会变革，与此相适应的精神分析也改变了在我们时代文化中所发挥的作用。自由时代及其提供的希望的破灭，蔓延着的集权主义思潮连同反抗这一思潮的种种努力，都在精神分析的论点中得到了反映。精神分析在第一次世界大战前20年的发展中，系统地阐述了个体这个概念，从而对备受赞扬的现时代成就作出了心理学的批判。弗洛伊德表明，压制、压抑和克制乃是构成“自由人格”的材料。他把社会的“总的不幸”看做绝对不可治愈的非正常状态。精神分析是一种彻底的批判理论。后来，当中欧和东欧发生革命变革时，就可以清楚地看到，精神分析在多大程度上曾委身于它曾竭力揭示其秘密的那个社会。精神分析对人的看法及其对人性的基本不变性的信念似乎都是“反动的”。弗洛伊德理论似乎暗示着人道主义者的社会主义理想不是人类所能实现的。于是，对精神分析的若干修正就开始获得了机会。

人们可能有兴趣谈论一种左右翼的分离。威廉·赖希在其早期著作中作了最认真的努力，企图发展蕴含在弗洛伊德理论中的社会批判理论。赖希在他的《性道德的突破》（1931年）一书中认为，精神分析的焦点是社会结构与本能结构的关系。他强调了由统治和剥削利益推行的性压抑的程度和这种性压抑转而又加强并再生产统治和剥削利益的程度。但赖希的性压抑观仍然是没有显著特点的；他忽视了性本能及其与破坏冲动相融合的历史原动力（赖希反对弗洛伊德的死亡本能假说，反对弗洛伊德后期元心理学揭示的所有深刻内容）。因而，性解放本身对赖希来说成了医治个体和社会疾病的灵丹妙药。升华问题遭到了极度的轻视，压抑性升华与非压抑性升华之间也没有什么本质的区分，自由的进步似乎纯粹是性欲的释放。这样，赖希早期著作中批判的社会学洞见就被扼杀了，一种彻底的原始状态开始占了上风，它预示了赖希晚年放荡不羁、稀奇古怪的爱好。

在精神分析的“右翼”，卡尔·荣格的心理学很快成了一种蒙昧主义的“伪神话学”。[①]修正主义的“核心”形成于文化和人际学派，这是今日精神分析的最流行思潮。我们将力图表

① 参见爱德华·格洛弗：《弗洛伊德还是荣格?》（纽约，1950年）。

明，在这些学派中，精神分析理论变成了意识形态：面对曾经几乎把人格及实现人格的条件彻底消除的现实，“人格”及其创造性潜能又得到了恢复。弗洛伊德看到了压抑在西方文明的最高价值标准中的作用。这些价值标准以不自由和痛苦为前提，同时又使这种不自由和痛苦持久化。新弗洛伊德学派宣传完全相同的价值标准，用以医治不自由和痛苦，用以征服压抑。这一思想任务通过清洗本能原动力并降低其在心理生活中的作用而完成。经过这样的清洗后，精神可以重新得到唯心主义伦理学和宗教的修正了，可以把关于心理机制的精神分析理论看做灵魂哲学。在这样做时，修正主义者们就抛弃了弗洛伊德的一些心理学工具，这本是弗洛伊德用来揭露人格的破坏性本能基础和社会基础的工具，它们与哲学唯心主义的不合时宜的复辟是不相容的。而且，(成人与其文化环境的)次要因素和次要关系被尊崇为主要的东西。这个变化旨在强调社会现实对人格形成的影响。但我们相信，实际的情形恰恰相反：社会对精神的影响被削弱了。弗洛伊德注意的是主要本能的变迁，因此，他在那层最隐蔽的属系和个体中发现了社会。而修正主义者关心的则是社会机构和社会关系的具体、现存形式而不是其起源，因而不能理解这些机构和关系对假定它们要加以实现的人格有何作用。现在，在修正主义学派面前，弗洛伊德理论获得了一种新的意义：它比以前更多地揭示了其批判的深刻性，揭示了(也许是第一次)它所具有的超越现行秩序并把压抑理论和消除压抑的理论联系起来的因素。

加强这种联系是文化学派的修正主义的初衷。埃里希·弗罗姆的早期论文试图消除弗洛伊德理论对今日社会的认同，加强揭示本能结构与经济结构之间联系的精神分析思想，同时表明超越“进取的父权中心”文化的可能性。弗罗姆强调了弗洛伊德理论的社会学本质，因为精神分析把社会心理现象理解为：

> ……本能机制与社会经济状况的积极的和消极的适应过程。这种本能机制本身，在许多重要方面是一种生物学事实，但它在很大程度上是可变的；而首要的致变因素便是经济条件。①

人类生存的社会组织的基础是力比多的基本欲望和需要，由于它们有高度的可塑性和顺从性，人们便塑造和利用它们来“巩固”现存社会。因此，在弗罗姆所谓“进取的父权中心的”社会里(在这里，这种社会是根据操作原则的统治而规定的)，力比多的冲动及其满足(和转移)同统治的利益是协调一致的，因而它们成了使大多数人受少数统治者统治的稳定力量。焦虑、爱情、信心，甚至要求自由和与所属团体保持一致的愿望，②

---

① 弗罗姆：《论分析的社会心理学的方法和任务》，载《社会研究杂志》，第一卷(1932年)，第39—40页。

② 同上书，第47、51页。

都开始服务于具有经济结构的统治和服从关系。但由于同样的原因，社会结构的根本变化也将引起本能结构的相应变化。随着一个现存社会在历史上逐渐被废弃，随着其内在对立的逐渐成长，传统的心理关系也会日趋松弛：

> 可以自由地对力比多力量加以新的利用，这会使它们的社会功能发生改变。现在它们不再为保存社会而服务，而是导致了新社会结构的建立。它们仿佛不再是凝固剂，而是催化剂了。①

弗罗姆在其论《母权制理论的社会心理学意义》②一文中深入探究了这一思想。弗洛伊德自己对冲动变化具有的历史性的洞见使他无法再把现实原则等同于进取的父权中心文化规范。弗罗姆强调，关于一种母权中心的文化观，尽管有着人类学上的长处，但它所设想的现实原则不是为了统治利益，而是为了得到满足的男子之间的力比多关系。本能结构要求而不是排斥一种自由文明的出现，它是以“父权中心”的文化成就为基础的，但是却又以改变这种文化的机构为途径：

① 弗罗姆：《论分析的社会心理学的方法和任务》，载《社会研究杂志》，第一卷(1932 年)，第 53 页。

② 弗罗姆：《母权制理论的社会心理学意义》，载《社会研究杂志》，第三卷(1934 年)。

> 性欲提供了满足和幸福的最基本、最强大的可能性之一。如果在由人格的生产性发展需要的范围内，而不是由统治群众的需要所规定的范围内，允许这些可能性存在，那么幸福的这一基本可能性的实现就必将进一步要求在人类生存的其他领域也得到满足和获得幸福。要实现这一要求，就必须利用为满足它所必需的物质手段，这必将导致现行社会秩序发生剧变。①

弗洛伊德理论的社会意义极其明显，因为加强精神分析的概念，就是加强其批判功能，加强其对现行社会形式的反抗。精神分析的这种批判的社会学功能来自一种作为“生产力”的性欲的基本作用，力比多的要求使人们超出进取的父权中心阶段，而向自由和人类需要的普遍满足迈进。反过来，削弱精神分析概念，特别是削弱性欲理论，则势必将削弱其社会学批判功能，从而降低精神分析的社会意义。然而，与表面现象相反，在文化学派中发生的正是这样一种情况。很奇怪(也只是表面上奇怪)，这样的发展却是治疗得到改进的结果。弗罗姆就“精神分析治疗的社会条件”写了一篇很好的论文，他在该文中表明，(在分析学者与病人之间的)精神分析状况以一种特殊

① 弗罗姆：《母权制理论的社会心理学意义》，载《社会研究杂志》，第三卷(1934 年)。

形式表现了自由主义的宽容，因此它也取决于社会中是否存在这样一种宽容。但在“中立的”分析学者的宽容态度背后，却隐藏着“对资产阶级社会禁忌的尊重”。[①]在弗洛伊德对待性道德的立场中，弗罗姆探寻了这些禁忌对弗洛伊德理论核心的影响。弗罗姆还把这种立场与另一种也许首先由弗伦采阐述的治疗观进行对照。在后一种观点看来，分析学者拒绝父权中心-独裁主义的禁忌，从而与病人处于一种积极的而不是中立的关系中。这种新观点的主要特征是“无条件地肯定病人对幸福的要求”，“无条件地肯定道德对其禁忌主义特征的摆脱”。[②]

在这些要求面前，精神分析陷入了一个致命的两难困境。“对幸福的要求”，如果真的得到肯定，就会加剧其与一个只允许有限幸福的社会之间的冲突，而抛弃道德禁忌则将扩大这种冲突，从而引起对社会重要保护层的攻击。在一种以宽容为人际、经济、政治关系的组成部分的社会环境中，这可能还是一种实际状况。但当社会不再提供这样的宽容时，它必将危及“治愈”概念，甚至危及精神分析的存在。因此，仅当幸福和“人格的生产性发展”得到了重新规定，从而与现行价值标准并行不悖的时候，也就是说，仅当它们被内在化和理想化的时候，对幸福要求的肯定态度才是切实可行的。而这种重新规定

① 《社会研究杂志》，第四卷(1935 年)，第 374—375 页。
② 同上书，第 395 页。

必然又会转而削弱精神分析理论的破坏性内容及其破坏性的社会批判特征。如果这确实就是我所认为的修正主义所走过的道路，那么这是由于该时期的客观社会原动力造成的：在一个压抑性社会中，个体幸福与生产性发展是与社会相矛盾的。如果它们被规定为是必须在这个社会内部实现的价值标准，那么它们本身就是压抑性的。

下面的讨论将只涉及后期新弗洛伊德主义的心理学，因为在这方面这一运动的压抑性特征最为显著。这个讨论除了通过对照和澄清本书所强调的精神分析理论的批判意义以外别无他求。至于修正主义学派的**治疗学**上的长处完全不在讨论之列。我所以作此限制不仅是由于能力有限，而且也是由于精神分析本身固有的理论与治疗的脱节所致。弗洛伊德也完全清楚这种脱节。我们可以对这种脱节作某种(很简单的)说明：一方面，精神分析理论认识到，个体的疾病最终是由其文明的疾病产生和维持的；但另一方面，精神分析治疗的目标却是要治愈个体，使其继续作为一个病态文明的成员发挥作用，而同时又不完全屈从于这种文明。精神分析治疗的最终目的是接受现实原则，这意味着个体接受了文明对其本能需要，特别是性欲的管制。在弗洛伊德理论中，文明的建立似乎是与主要本能、与快乐原则相矛盾的。但快乐原则幸存于本我之中，而文明自我必须永远与他自己的无穷的过去和被禁止的未来进行斗争。从理论上说，心理健康与神经症之间的差异仅仅在于顺从的程度和效果。心理健康是成功的、有效的顺从，以致通常表现为适度幸福的满足。正常状况是一种危险状况。“神经症和精神病都表现了本我对外部世界的反抗，表现了它使自己适应必然性即缺乏时所感到的‘痛苦’和表现出来的不情愿，或者也可以说，表现了它之不能这样做。”[①]这种反抗虽然产生于人的本能的“本性”，但却是一种必须治愈的疾病，这不仅因为它反抗一种不可救药的最高权力，而且也因为它反抗“必然性”。只要文明存在，压抑和不幸也就必然存在。快乐原则的“目标”即幸福是“不能达到的”，[②]虽然想达到这个目标的努力不会、也不能被放弃。归根到底，问题仅仅是个人至多能够忍受多大程度的顺从。在这种意义上，治疗是一种顺从过程。因为如果我们成功地“把你的癔症痛苦转变为日常的不幸”（这是人类常有的命运），就可以达到高度的顺从。[③]这个目标肯定不是（或者不应当）意味着，病人能够完全适应压抑着其成熟的志向和能力的环境。而且，一个分析学者作为医生，还必须接受病人必须在其中生活，却又不能予以改变的事实的社会框界。[④]

---

① 弗洛伊德：《现实在神经症与精神病中的丧失》，载《论文集》（伦敦，1950年），第二卷，第279页。

② 弗洛伊德：《文明及其不满》（伦敦，1949年），第39页。

③ 布洛伊尔和弗洛伊德：《癔症研究》（纽约，1936年），第232页；另见《精神分析引论》（纽约，1943年），第397—398页。

④ 弗洛伊德：《精神分析引论新编》（纽约，1933年），第206页。

弗洛伊德确信，文明的压抑性基础是无论如何不能改变的，哪怕是以超个人的社会规模来改变。这就又进一步加强了不可医治的顺从的核心。因此，只是在理论领域，而且也许特别是在最远离治疗的理论领域，即在弗洛伊德的“元心理学”中，精神分析的批判性见解才不失其完整的力量。

修正主义学派把理论等同于治疗，以此消除二者之间的这种脱节。这种等同的形式有两种。首先，那些不能得到临床证实的最思辨、最“形而上学”的概念（如死亡本能、原始部落的假设、弑父娶母）被极度轻视甚至完全抛弃。而且在此过程中，弗洛伊德的某些最重要的概念（本我与自我的关系、无意识的功能、性欲的范围和意义等）也得到了重新规定，其破坏性内容因而几乎完全被清除掉了。个体与社会之间、本能结构与意识领域之间冲突的深刻意义被淡化了。精神分析重新定向于具有前弗洛伊德特征的传统的意识心理学。我们在此并不想细究从理论和实践方面看，作这样的重新定向是否妥当，而只想说，修正主义者把弗洛伊德理论中的软弱部分转变成了一种新的理论，这种理论的意义就是我们现在惟一要加以讨论的。对各个修正主义团体之间的差异，我们将存而不论，我们只关心它们共有的理论态度。这个讨论将努力从埃里希·弗罗姆、卡伦·霍尼和哈里·斯塔克·沙利文的代表作中汲取精华，而克莱拉·汤普森被公认是对这一修正主义的历史做了最有代表性描述的人。[1]

可以把修正主义者反对弗洛伊德的主要意见作这样的概括：弗洛伊德严重低估了个体以及神经症受个体与环境冲突影响的程度。弗洛伊德的“生物学定向”使他强调个体的属系发生史和个体发生史上的过去，因为他认为，人在5岁或6岁(如果不是更早的话)时，性格就已基本上形成了。而且他还根据主要本能(特别是性欲)及其变迁来解释个体的命运。相反，修正主义者则把重心“从过去转向现今”，[2]从生物学层次转向文化层次，从个体的“构成”转向其环境。[3]“如果完全抛弃力比多概念”，而根据成长和人类关系来解释其不同的阶段，“就可以更好地理解生物学的发展”。[4]因此，精神分析的主题就成了与“世界有关的完整的人格”，这就使“个体的建设性方面”，“个体的积极的生产性潜能”得到了应有的注意。弗洛伊德是冷酷的、严厉的、破坏性的、悲观主义的。他没有看到，疾病、医治和治愈都是一种涉及双方完整人格的“人际关系”问题。弗洛伊德的观点基本上是相对主义的，因为他假定，心理学“可以帮助我们理解价值判断的动机，但无助于确

① 汤普森：《精神分析：进化和发展》(纽约，1951年)。
② 同上书，第15、182页。
③ 同上书，第9、13、26—27、155页。
④ 同上书，第42页。

立价值判断本身的有效性”。[①]因此，他的心理学中不包含任何伦理学，或者说，只包含他个人的伦理学。此外，弗洛伊德认为社会是“静态的”，是作为一种“控制人的本能的机制”而发展的，而修正主义者则通过比较文化的研究认识到，“人在生物学上并不赋有某些危险的、固定的、社会责无旁贷地要对之控制的动物内驱力”。他们坚持认为，社会“不是一套在过去的弑父时代制定的静态的法律，而是一个成长、变化、发展着的人际经验和人际行为的网络”。此外，他们还补充了下述见解：

> 只有通过文化经验才能成为一个人，社会创造了人的新的需要。其中有些是建设性的，可能会刺激进一步发展的。属于这一类的有正义、平等和合作等观念；另外一些则是破坏性的，因而是对人不利的。大规模的竞争和对不幸者的无情剥削就是文化的若干破坏性产物。一旦破坏性因素占了统治地位，我们就遇到了一种孕育着战争的状况。[②]

以这段话为出发点，可以觉察修正主义理论的衰退。最初

---

① 弗罗姆：《自为的人》（纽约，1947年），第34页。
② 汤普森：《精神分析：进化和发展》，第143页。

是明显的、日常智慧的工作，接着便是社会学方面的引证。在弗洛伊德那里，这些东西都包含在基本概念本身之中并为这些概念所阐发。但在这里，它们似乎是不包括在内的外在因素。此外好与坏、建设与破坏(用弗罗姆的话说，生产与非生产、肯定与否定)之间的区别不是来自某一理论原则，而只是源于流行的意识形态。因此，这种区别纯粹是折衷主义的、外在于理论的，因而也无异于顺从主义的口号，“强调积极方面”。弗洛伊德是对的。生活是坏的、压抑性的、破坏性的；但它还远没有这样坏、这样具有压抑性、破坏性。它也有建设性的、生产性的方面。社会不仅是此岸，也是彼岸。人不仅在反抗自己，也在维护自己。

这些区别是无足轻重的，而且，如我们将力图表明的，甚至是错误的，除非我们完成了弗洛伊德自己担起的任务，即证明在文明的影响下，这两方是如何在本能原动力自身中相互联系的，而且借助于这个原动力，一方是如何不可避免地要转变为另一方的。正由于缺少这样一种证明，修正主义者对弗洛伊德“片面性”的“改进”造成了一块空白，抛弃了他的基本理论假设。但用折衷主义一词来表达这种修正主义哲学的实质并不恰当，它对精神分析理论造成的后果远不止这些，因为修正主义对弗洛伊德理论的补充，特别是对文化和环境因素的引证，把一幅对文明、特别是今日社会描绘的错误图景凝固化了。修正主义极度低估了冲突的深度和广度，因而，得出了一个错误而轻率的结论。对此，我们这里仅作简单的叙述。

修正主义者的一个心爱的要求是，必须把个体的“完整人格”，而不是其早年时代，或他的生物学结构，或他的身心条件，作为精神分析的主题。

> 人格的无限差异本身是人类生存所特有的。我所谓人格是指为某一个体特有并使之与众不同的所有先天遗传的和后天获得的精神品质。①

> 我认为很清楚，应当把弗洛伊德的反移情概念同今天作为一种人际过程的分析概念区分开来。在这种人际状况中，人们看到，分析学者不只以他反常的感情，而且还凭其健康的人格与他的患者和睦相处。就是说，分析状况本质上是一种人的关系。②

> 我要引入的先入之见是，人格，尽管受到文化适应的阻碍，必将趋向实现某种我称之为心理健康或成功的人际适应状态。有机体的基本方向是向前的。③

---

① 弗罗姆：《自为的人》，第 50 页。
② 汤普森：《精神分析》，第 108 页。
③ 沙利文：《现代精神病学思想》（华盛顿，1947 年），第 48 页。

而且，明显的事实（“人格差异性”、作为“人际过程”的分析）由于没有被理解，只是被传说、被利用，而成了半个真理，又由于那失去的另一半改变了这个明显事实的内容，它又成为伪说。

以上摘引的几段话证明了在修正主义学派中泛滥成灾的对意识形态与现实的混淆看法。确实，人这个个体把各种遗传的和后天获得的品质统一成了一个完整的人格，而且这种完整的人格是在纷乱杂陈、变化不定的条件下把自身与世界（人和物）相联系发展起来的。但这种人格及其发展，一直到最深层的本能结构，都是被预先决定的，是文明积淀的产物，它意味着个体“成长”的差异性和自主性乃是次要的现象。个体性到底有多大作用取决于在文明的既定阶段流行的压抑性控制的范围、形式和效果。所谓人格的自主性就是指它创造性的“独特性”及其生存的完整性，但这从来就是极少数人的特权。在现阶段，人格趋向于一种标准化的反抗模型，这是由等级制的权力和功能及其技术、思想和文化设施来确立的。

分析学者与其病人分享着这种异化，而且由于这种异化通常并不明显地表现出任何神经症，反而作为“心理健康”的标志，因此并没有被修正主义意识到。在讨论异化过程时，它常常不是按其本来面目被作为整体来对待的，而是作为整体的一个否定方面来对待的。[1]确实，人格并没有消失，而在继续成

---

① 参见弗罗姆在《自为的人》中对“市场定向”的讨论，参见该书第 67 页。

长，甚至还得到培养和教育，但其方式已经不同，这种方式使人格的各种表现能完全适应并维持社会所要求的行为和思维模式。因此这些表现必将抹煞个体性。这个过程在后期工业文明的“大众文化”中得到了完成，它使人际关系这个概念只能有效地表示这样一个不可否认的事实：人类所处的一切关系不是与其他人的关系，就是这些关系的抽象。如果这个概念想超出这个自明之理，企图隐含更多的东西，即表示两个或更多的人规定了某个“由个体构成的完整状况”，[①]那么就未免荒谬了。因为个体的状况乃是普遍命运的派生物和现象，而且，正如弗洛伊德表明的，正是这种普遍命运包含了个体命运的线索。普遍的压抑决定着个体并使其最富个性的特征普遍化了。相应地，弗洛伊德理论始终以婴儿期(这个普遍命运在个体中的形成时期)为研究方向。婴儿期之后产生的成熟关系只是“再现”了形成期的关系。因此最重要的关系是最非人际的关系。在一个异化的世界里，属的代表，如家长与幼儿、男人与女人、主人与奴仆以及雇主与雇工都是相互对抗的。他们最初是在某些特殊种类的普遍异化中相互联系着的。即使他们不再这样联系而进入了真正的人的关系，也还将保留这种为他们所超越了的压抑，把这种压抑作为他们所掌握和控制的否定物。这时，他们就不需要治疗了。

---

① 欧内斯特·比格尔霍尔：《人际理论和社会心理学》，载帕特里克·马拉希编：《人际关系研究》(纽约，1950年)，第54页。

精神分析阐明了个体经验中的这种普遍性。在而且仅仅在这种程度上，精神分析才能冲破使人类关系僵化的客体化樊笼。修正主义没有认识到实际的异化状态，或者说没有看出这种异化状态的后果。这种异化状态把人变成一种可交换的功能，把人格变成一种意识形态。相反，弗洛伊德的基本的“生物主义”概念超越了意识形态及其思维方式，因为他拒绝把客体化的社会看做是一个发展着的人际经验和行为的网络，把异化的个体看做一个“完整的人格”。这一立场是与现实相符合的，因而包含着真理。如果他不把非人的生存看做是向前发展的人性的一个稍纵即逝的否定方面，他就比那些指责他有非人道的冷酷之心的温和而又宽容的人更人道一些。弗洛伊德并不轻信“有机体的基本方向是前进的”。即使不假定死亡本能以及这种本能的保守性，沙利文的说法仍是浅薄的、可疑的。有机体在想解除张力、要求满足、休息和承受的持久的冲动中，将表现出一种截然不同的“基本”方向，因为反抗时间流逝的斗争并非只为那喀索斯的爱欲所固有。很难把施虐—受虐狂趋势与一种心理健康的前进方向相联系，除非对“前进”和“心理健康”概念加以重新规定，使它们的含义迥异于在我们的社会秩序中所具有的含义。我们的社会秩序“在某种意义上是完全不利于健康而幸福的人发展的”。[①]但沙利文没有作这样一

① 帕特里克·马拉希为《人际关系研究》一书所写的导论，第 17 页。

种重新规定，他使他的概念具有顺从性：

> 有人自以为自愿地摆脱了先前的依靠物，并任意地接受了用于孜孜不倦地教育自己的新的教条，这种人肯定忍受了巨大的不安。他的自我组织通常是贬抑的、可恨的。新的运动集体地支持他发泄对古代人格的敌意，而这些敌意现在又直指他所属的那个集体。新的意识形态使破坏活动合理化了，使它变得仿佛(如果不是完全地)是建设性的。新的意识形态保证，从必定主要是由现存秩序造成的废墟中，将诞生一个更美好的世界，因而它特别能缓和冲突。在这种乌托邦中，上述那种人及其同伴将是仁慈的、善良的。对他们来说，非正义等东西将不复存在。如果他所属的集体比较激进，那么在综合决定和选择时进行的较为遥远的记忆活动就有可能完全被压抑，预期性的幻想活动也可能被严格地纳入教条主义的模式。在这种情况下，这个人除了与其激进的伙伴相处外，他的行为仿佛表明他已获得了在第三讲中讨论过的那种病态人格。他不能持久地把握住他自己和别人的现实，他的行为受最直接的机会主义的支配，从不考虑可能的未来。[①]

① 沙利文：《现代精神病学思想》，第96页；参见海伦·梅雷尔·林德在《民族》1949年1月15日上的评论。

这段话说明了现存秩序的价值标准对人际理论的影响程度。如果一个人“摆脱了其先前的依靠物”，而“接受了新的教条”，那么其前提就是，他已经“忍受了巨大的不安”，他的“自我组织通常是贬抑的、可恨的”，他的新教条“使破坏活动合理化了”，总之，他是病态的。这里没有暗示：他的不安是理性的、合理的；没有暗示，不是他的而是其他人的自我组织是贬抑的、可恨的；也没有暗示，新教条所具有的破坏性就其旨在达到更高阶段而言，事实上可能会是建设性的。这种心理学除了现行的客观价值标准外，一无所有，因为它对健康、成熟、成就等事物的理解无异于现存社会对它们所作的界定，尽管沙利文意识到，在我们的文化中，成熟“通常不过是对一个人的社会经济状况及诸如此类的东西的特殊反映”。[①] 极度的顺从是这种心理学的核心，因此这种心理学怀疑一切摆脱了先前的依靠而成为患神经症的“激进分子”的人(这可用于指从耶稣到列宁、从苏格拉底到布鲁诺的所有人)，并几乎是必然地要把“对一个更美好世界的希望”等同于乌托邦，把这种希望的实质等同于“遐想”，把人类梦寐以求的正义面前人人平等的理想等同于那类适应不良的人的个人不满(不要再不公正地对待“他们”)。这种将心理健康等同于“适应成功”和进步的“操作性”的做法取消了弗洛伊德所作的一些保留，他本

① 沙利文：《精神病学的人际理论》(纽约，1953 年)，第 298 页。

来想以此来阻碍适应非人社会[1]这个治疗学目标的实现。因此，在使精神分析为这个社会服务方面，它比弗洛伊德走得更远了。

弗洛伊德看到，社会的各种历史形式中尽管有种种差异，但它们背后共同存在着基本的非人性，以及压抑性的控制，这种控制在本能结构本身中维持着人对人的统治。由于这一洞见，弗洛伊德的“静态社会观”比修正主义者的“动态社会观”更接近真理。他关于“文明及其不满”的根源是人的生物构造的思想对他关于治疗的功能和目标的看法有深刻的影响。个体要发展的人格、实现的潜能和追求的幸福，都在一开始就受到了管制，因而其内容也只能根据这种管制来理解。弗洛伊德解除了唯心主义伦理学的错觉：“人格”不过是一个把压抑和攻击内在化并成功地加以利用的“不完整的”个体。考虑到文明对人的态度，人格发展的差异主要在于是否合比例地分享作为人类共同命运的“日常幸福”，而治疗所能做到的不过是实现这种合比例的分享目标。

与这样一种“最低纲领”相反，弗罗姆和其他修正主义者都提出了治疗的一个更高目标：“令人满意地发展人的潜能，实现他的个性。”但本质上不能达到的正是这个目标。这倒不是由于精神分析技术不完善，而是因为既有的文明本身本质上

---

① 弗洛伊德：《精神分析引论》，第332—333页。

已经否定了这种可能性。人们要么根据其在现存文明之中的可能性来界定“人格”和“个性”，在这种情况下，它们的实现对大多数人来说等于是做到成功地适应社会；要么根据其超越性内容，包括他们被社会否定的、在实际生存之外的潜能来界定它们。在这种情况下，它们的实现就意味着超出现存的文明形式，而达到全新的、与现行的人格和个性相悖的“人格”和“个性”。在今天，这也就意味着治愈一个病人，使之成为反抗者或(意思完全一样的)牺牲品。修正主义的概念动摇于这两种界定之间。弗罗姆恢复了唯心主义伦理学的所有历史悠久的价值标准。仿佛还从未有人揭示过其顺从性和压抑性特征。他谈到了人格的生产性实现，谈到了对同伴的关心、负责和尊重，谈到了生产性的爱情和幸福，好像人能在实际上达到这一切，同时又能保持神志清醒、精力充沛，即使是在一个弗罗姆自己认为是完全异化的、为“市场”的商品关系支配的社会中，也能做到这一切。在这样一个社会中，人格的自我实现只能以双重的压抑为根据，一方面是快乐原则的纯化和幸福与自由的内在化；另一方面是对它们的合理限制，直到它们与现行的不自由和不幸福相一致。结果，生产性、责任性、爱情等等，只是就其包含了可驾驭的顺从性，并在对社会有用的活动中(换言之，在被压抑性升华后)得以实现而言，才能成为“价值标准”。可是这时它们也就有效地否定了自由的生产性和责任性，因而也有效地克制了幸福。

例如，作为在操作原则下健康个体追求目标的生产性，在正常情况下(即除了创造性的、“神经症的”、“古怪的”情况以外)，就必须在良好的商业、管理、服务中表现出来，并可以合理地期望得到公认的成功。爱情必须得到部分升华甚至成为受压抑的力比多，从而与强加于性欲的既定条件保持一致。这是生产性和爱情为大家所接受的、“实在论”的意义。但这两个词同样也表示人的自由实现或实现这种自由的理想。修正主义者使用这些词时利用了这种模糊性，他们的用法同时表示了自由的与不自由的、完整的与残缺的人的机能，从而对现存的现实原则许下不少动听的诺言，可是要兑现这些诺言惟有抛弃这个现存的现实原则。这种模糊性使修正主义哲学好像既是批判的又是政治性的。在前一种情况下，它是顺从主义的；在后一种情况下，它又是道德主义的。一般说来，风格能表现态度。对弗洛伊德的风格和新弗洛伊德主义的风格做些比较分析是很有启发的。新弗洛伊德主义在较专门的哲学著作中的风格常常很像布道者或福利救济人员的风格，这是一种高尚、明晰的风格，充满着善意和宽容，并且本着使先验的价值标准成为日常生活事实的认真精神。他们把已变得虚假的东西看做实在的东西。相反，弗洛伊德在使用“自由”、“幸福”、“人格”等词时，常有一种讽刺的意味。这些词有时似乎使用了无形的引号，有时则明确陈述了具有否定意味的内容。弗洛伊德没有用任何别的名称来称呼压抑，而新弗洛伊德主义有时使它升华成其对立面。

但修正主义所以把精神分析理论与唯心主义伦理学相结合，并不只是为了赞颂适应。新弗洛伊德主义的社会学定向或文化定向提供了“不仅而且”这个硬币的另一方面。对适应的治疗遭到严词拒绝。[①]对成功的“崇拜”被彻底抛弃。[②]今日的社会和文化被控为极大地阻碍了健康人和成熟人的实现。“竞争性原则和与此相伴的潜在的敌对性渗透了所有人类关系。”[③]修正主义者声称，他们的精神分析本身就是对社会的批判：

> “文化学派”的目标不仅是使人屈从于其社会的约束，而且只要可能，还要使人摆脱不合理的社会要求，使他能够更好地发展其潜能并在创造一个更为建设性的社会时充当领袖。[④]

激励着弗洛伊德全部研究的健康与知识、正常与自由之间的张力在此消失了，“只要可能”这个限制词是在其目标中留下的爆炸性矛盾的惟一痕迹。“在创造一个更为建设性的社会时充

① 弗罗姆：《精神分析与宗教》（纽黑文，1950 年），第 73 页。
② 同上书，第 119 页。
③ 卡伦·霍尼：《我们时代的神经症的人格》（纽约，1937 年），第 284 页。
④ 汤普森：《精神分析：进化和发展》，第 152 页。

当领袖”应当与其在现存社会中的正常功能相结合。

要实现这一目标，必须一方面批判表面现象，另一方面接受被批判社会的基本前提。弗罗姆的很多著作都是为了批判严重阻碍着生产性发展的“市场经济”及其意识形态而写作的。[①]但关键就在这里：这些批判性的见解并没有导致对生产性价值标准(这正是被批判文化的价值标准)和更高的自我作重新评价。修正主义哲学的特征在把肯定与否定、提供希望与背叛希望的等同中就暴露无遗。肯定中包含了批判。读者还可以相信，“较高的”价值标准可以而且应当在背叛了这些标准的条件下推行，而且它们之所以能被推行，是因为修正主义哲学家在接受这些标准时，已根据现存现实原则对它们做了调整并使之理想化了。弗罗姆论证了其他分析学家很少去论证的内在化的压抑性特征，并恢复了内在化的意识形态。与现实“适应”的人受到责怪，因为他背叛了“高级的自我”，背叛了“人类的价值”，因而他常有“内心空虚感和不安感”，尽管他“取得了成功”。获得了“内在力量和完整性的人”，境况要好得多。虽然可能比他“无耻的邻居”更不成功，

……但他会有安全感、有判断力、有客观性，这些将使他

① 弗罗姆：《自为的人》，特别是第67页及以后，第127—128页。

> 不太为变化着的命运和他人的意见所左右，而且在许多领域将提高他从事建设性工作的能力。①

这种风格暗示了修正主义批判所屈从的实证思维的力量。这不是虚假的价值标准，而是规定和提出这些标准的背景："内在的力量"包含了无条件的自由，这种自由即使受到禁锢仍可得以实现。弗罗姆本人在分析宗教改革时曾谴责过这种自由。②

如果不只把"内在力量和完整性"这种价值标准看做是异化社会期待它的所有良民在工作中应具备的性格特征(如果这样，它们便只会有助于维持异化)，那么它们就必定属于一种突破了异化及其价值标准的意识。但这种意识之所以不能容忍这些价值标准，是因为它认为这些价值标准有助于对人的奴役。"高级自我"支配着个体已被驯服的冲动和志向。这个个体之所以牺牲和放弃他的"低级自我"，不仅是因为它与文明相冲突，而恰恰是因为它与压抑性文明相冲突。这样一种克制可能确实是人类进步的必不可少的一步。但要获得文化的较高价值标准是否不用花费个体太大的代价？弗洛伊德的这个问题必须认真考虑，以免使精神分析哲学家在鼓吹这些价值标准时，无视被禁止的内容以及对个体所否定的东西。比较一下弗洛伊德

---

① 弗罗姆：《精神分析与宗教》，第 75 页。

② 弗罗姆：《逃避自由》(纽约，1941 年)，第 74 页以后。

和弗罗姆的爱情观，可以说明无视上述一些事实的做法对精神分析理论的影响。弗罗姆写道：

> 真正的爱情植根于生产性，因此可以确切地被称为“生产性爱情”。不管它是母亲对子女的爱，是我们对人类的爱，还是两个个体之间的性爱，其本质都是一样的。这些生产性爱情具有某些独特的基本要素，即关心、责任、尊重和明智。[①]

可以与弗罗姆对意识形态的这种阐述相抗争的，是弗洛伊德对本能根据和爱情基础的分析以及对漫长而痛苦的性欲变化过程的分析。在这种性欲变化过程中，具有多形态反常行为的性欲被驯服、被抑制，直到最后可以与温柔和爱慕相融合。这是一种很不稳定的融合，因此从未消除其破坏因素。如下所引的弗洛伊德在《性生活中最流行的退化形式》一文中那段几乎是偶然说出的话也可与弗罗姆的爱情说教相对照：

> ……我们不能否认，今日文明中男人的爱情行为一般地带有精神无能的特征。只是在极少数有教养的人那里，温柔和肉欲才完全地融合为一：因为男人几乎总是感到他

① 弗罗姆：《自为的人》，第98页。

的性行为由于对女人的尊敬而受到阻碍，因此，只是在他面临较低级的性对象时，才发挥他充分的性能力……[①]

在弗洛伊德看来，在我们的文化中，爱情可以而且必须作为“目标受抑的性欲”来实践，并遵循由一夫一妻制的父权制社会对此施加的所有禁忌和压制。一旦超出了这种合法的表现，爱情就是破坏性的，根本无助于生产性和建设性工作。严格意义上的爱情已被剥夺了，“因为现今文明生活中不允许两人之间有绝对的、自然的爱情”。[②]但对修正主义者来说，生产性、爱情、幸福和健康十分和谐地融为一体了。假如文明在它们之间造成了冲突，那也是成熟人可以轻而易举地解决的。

一旦人的志向及其实现被内化为、升华为“高级自我”，社会问题就主要成了精神问题，而解决这些问题则成了道德的任务。修正主义者的社会学内容其实是表面的东西，因为决定性的斗争是在人的“灵魂”中展开的。今日的集权主义和“对机器与成功的崇拜”威胁着人“最宝贵的精神财富”。[③]修正主义对生物领域，特别是对性欲作用的极度轻视，不仅把重点从无意识转到有意识，从本我转到自我，而且从人类生存的前升华表现转到升华的表现。由于对本能满足的压抑不再那么突

① 弗洛伊德：《选集》，第四卷，第 210 页。
② 弗洛伊德：《文明及其不满》，第 77 页注。
③ 弗罗姆：《精神分析与宗教》，第 119 页。

出，并失去了其对人的实现的决定作用，社会的压抑的深刻性也减弱了。因此，修正主义强调“社会条件”对神经症患者的人格发展有影响的观点，在社会学和心理学方面，还不如弗洛伊德对这些条件的“忽视”的观点来得重要。修正主义对本能理论的偷梁换柱的做法导致了传统的对物质需要的贬抑和对精神需要的推崇。这样，在对人的管制中，社会的作用被降低了，而且修正主义社会学尽管直言不讳地批判了某些社会机构，却接受了这些机构赖以建立的基础。

神经症也主要表现为一个**道德**问题，而且个体要对自己不能自我实现负责。其实，社会也遭到了应有的指责，但归根到底，真正有过错的乃是人自己：

> 人看着他的创造物，可以说：“真的，这很好。”但当他看着自己时，他又能说些什么呢？……我们一方面创造了奇迹，另一方面却不能使自己成为值得做出这种惊人举动的存在物。我们的生活不是充满了友爱、幸福和满足，而是充满了精神上的混乱和迷惑。[①]

这里只谈到了社会与个体的不一致，但对这种现象却未加处置。不管社会对个体有何影响，它都无碍于个体和分析学者强

① 弗罗姆：《精神分析与宗教》，第 1 页。

调的“完整人格”及其生产性发展。在霍尼看来，社会创造了某些典型的困难，这些困难，“一旦累积起来就有可能导致神经症”。[①]在弗罗姆看来，社会对个体的否定影响更为严重，但这仅仅是对从事生产性爱情和生产性思想的挑战。问题取决于人是否能“认真地关心自己、自己的生命和幸福；取决于他是否愿意面对他和他的社会的道德问题；取决于他敢不敢自在存在和自为存在”。[②]在集权主义时期(这时，个体完全成了操纵的主—客体，以致对“健康人、正常人”来说，甚至自为存在和为他存在的区分也都变得没有意义了)，当全能的制度对真正的不顺从行为采取嘲笑、压制和惩罚的态度时，新弗洛伊德主义哲学家便要求个体自在地和自为地存在。对修正主义者来说，社会压抑，这个严酷的事实自身如它在各时代的顺从哲学中所有的命运一样，已经转变成了一个“道德问题”。由于神经症的临床事实“最后成了道德失败的征兆”，[③]对“灵魂的精神分析治疗”也就成了使人产生宗教态度的教育。[④]

对精神分析理论作这种修正的后果就是逃避精神分析而接受内在化的宗教、伦理学。如果人类生存的“创伤”在人的生物结构中不起作用，如果它不是由文明的结构本身造成和维系

① 霍尼：《我们时代的神经症的人格》，第 284 页。
② 弗罗姆：《自为的人》，第 250 页。
③ 同上书，第viii页。
④ 弗罗姆：《精神分析与宗教》，第 76 页。

的，那么精神分析就失去了本来具有的深刻意义，而在前个体与超个体力量之间的(属系发生的与个体发生上的)冲突也就表现为有意识个体的理性的与非理性的、道德的与非道德的行为问题。精神分析理论的实质并不只是发现了无意识的作用，而且也在于描述了它的特殊的本能原动力以及两种基本本能的变迁，只有这些变迁的历史才充分揭示了文明强加于人的压抑的深度。如果性欲并没有弗洛伊德归之于它的那种构成作用，那么就不存在快乐原则与现实原则的基本冲突。人的本能本性被“纯化”了，从而可以完整地获得对社会有用的、被社会许可的幸福。正因为看到了性欲代表着完整的快乐原则，弗洛伊德才能发现对个体经验来说深不可测的“一般”不幸与精神症不幸的共同根源，才能承认有一种主要的“构成性压抑”，它是一切有意识地经验的和支配的压抑的基础。他认真地，甚至是过于认真地看待了这个发现，以致没有看到幸福本身与在生产性爱情中以及在其他生产性活动中得到了有效升华的幸福之间的同一性。因此他认为以实现幸福为目标的文明乃是一场灾祸，是一切文明的末日。弗洛伊德认为，在真实的自由与幸福同在压抑性文明中被推行和鼓吹的虚伪自由与幸福之间，有一道巨大的鸿沟。修正主义者没有看到这样的困难。由于他们把自由与幸福精神化了，所以能这样说“生产问题实际上已经得到解决”。①

① 弗罗姆：《自为的人》，第 140 页。

> 人类最心爱的希望在今天比以往任何时候都将更快地得到实现。科学发现和技术成就使我们可以想象按需分配的一天终将来临。[①]

这些话是对的，但只是包含了一些矛盾。因为正是由于人从未如此接近于其希望的实现，他在实现这些希望时也就从未受到如此严格的限制。正因为我们能设想普遍地满足个体的需要，所以这样的满足就存在着巨大的障碍。社会学的分析只有在澄清了这一联系后才能超越弗洛伊德，否则它就纯粹是以篡改弗洛伊德的幸福理论为代价的、毫无意义的装饰品。

弗洛伊德曾认为自由、幸福与性欲具有实质性联系：性欲为自由与幸福提供了主要源泉，同时又为它们在文明中的必要约束提供了根据。修正主义为了把自由与幸福精神化以解决这个冲突，就必须削弱这种联系。治疗学上的发现可能在理论上降低了性欲的作用。但这种情况对修正主义哲学来说，无论如何是不可避免的。

> 性问题，虽然有时可能在以症状为根据的描述中颇为流行，但它已不再被认为是神经症的核心原动力。性困难是神经症性格结构的结果而不是其原因。另一方面，道德

① 弗罗姆：《精神分析与宗教》，第 1 页。

问题却变得重要起来了。[1]

这一思想不止是极度低估了力比多作用，它扭转了弗洛伊德理论的内在方向。这一点在弗罗姆对奥狄帕斯情结的重新解释中再明白不过了，他的解释力图“把这情结从性领域转到人际关系领域”。[2]这种转变的实质在于，乱伦愿望的本质不是“性渴望”，而是一种想继续得到保护和庇护，即继续作为一个孩子的欲求。“胎儿先是与母体并存，然后与之分离，诞生仅仅是走向自由和独立的第一步。”的确如此，但是想获得的这种自由和独立却为欲望、顺从和痛苦所累。诞生是**脱离**满足和安全感的第一步，也是最可怕的一步。弗罗姆对奥狄帕斯情结的意识形态解释表明，他承认了自由的不幸及其与满足的分离。弗洛伊德的理论则认为，奥狄帕斯愿望是对这种分离——不是对自由，而是对痛苦的、压抑性的自由——所作的永恒而幼稚的反抗。相反，奥狄帕斯愿望是对原型自由即没有欲望的自由的永恒的、幼稚的欲求。既然被压抑的性本能是这种原型自由的生物载体，奥狄帕斯愿望本质上是“性渴望”。它的自然目标不是仅作为母亲的母亲，而是作为女人的母亲，这就是满足的女性原则。在此，接受性的爱欲，即享受、休息以及无

---

① 霍尼：《精神分析的新方法》(纽约，1939年)，第10页。

② 弗罗姆：《精神分析与宗教》，第79页及以下；另见弗罗姆在《遗忘了的语言》(纽约，1951年)一书第231—235页上的更详细的解释。

痛苦的、完整的满足的爱欲，离死亡本能（向发源地的回归）最近，快乐原则离涅槃原则最近。在此，爱欲对现实原则代表的一切，父亲、统治、升华和顺从，发起了第一次进攻。后来，自由和满足逐渐地同这些父性原则联系起来，为了道德和精神的独立牺牲了无欲望的自由。威胁着文明的精神基础的，首先是对作为女人的母亲的"性渴望"。正是这种"性渴望"使奥狄帕斯冲突成为个体与其社会的本能冲突的原型。如果奥狄帕斯愿望本质上不过是要求保护和获得安全（"逃避自由"）的愿望，如果儿童只欲求不许可的安全而不是不许可的快乐，那么奥狄帕斯情结事实上提出的主要是一个教育问题。因此，在讨论这个问题时，就无需揭露社会的本能危险区。

抛弃死亡本能也可以达到同样的有利结果。弗洛伊德对死亡本能及其与文明攻击中的作用的假设说明了一个被忽略了的文明之谜。它揭示了连接着被压迫者与压迫者、士兵与将军、个体与主人的隐蔽的无意识纽带。标志着文明在统治框界内的进步的大规模破坏，尽管有可能被消除，可还是由于作为工具和牺牲品的人对他们的刽子手持本能的容忍态度而维持下去。在第一次世界大战期间，弗洛伊德写道：

> 请想一想现在在文明世界放任自流的无数的野蛮、残忍和虚伪的行径。我们真能相信，如果成千上万的追随者是无辜的话，一小撮肆无忌惮的官迷和败类能够如此成功

地作恶多端吗?[①]

但这种假想的冲动与修正主义者倡导的道德主义的进步哲学是相冲突的。卡伦·霍尼简洁地陈述了修正主义者的立场：

> 弗洛伊德(对死亡本能)的假定意味着，敌对和破坏的最终动机在于破坏冲动。因此，我们相信我们是为生活而破坏，而弗洛伊德却把它颠倒了，成了为破坏而生活。[②]

对弗洛伊德思想的这种解释是不正确的。他并没有假定我们为破坏而生活，破坏本能不是有碍于便是有助于生命本能，而且死亡本能的目标不是破坏本身而是消除对破坏的需要。根据霍尼的看法，我们要破坏，是因为我们“实际上或感觉到有危险、被压制、受辱骂”，是因为我们想保卫“我们的安全或幸福，或保卫我们感到是安全和幸福的东西”。没有任何精神分析理论必然会得出这些结论。自远古以来，人们就在用这些结论为个体或民族的攻击作辩护。要么我们的安全真的受到了威胁，这样的话，我们的破坏愿望就是一个合情合理的反应；要么我们仅仅“感觉到”这种安全受到了威胁，这样的话，就

① 弗洛伊德：《精神分析引论》，第130—131页。
② 霍尼：《精神分析的新方法》，第130—131页。

必须研究产生这种感觉的个体和超个体的理由。

修正主义在抛弃死亡本能的同时，又提出了一个论点，它事实上指出了弗洛伊德理论中较之修正主义者的进步的社会学定向来说是“反动的”内容。弗洛伊德对死亡本能的假定

> 瓦解了任何想在特定的文化条件中寻找从事破坏的理由的努力。它必然也要瓦解想改变这些条件的各种努力。如果人生来就是破坏性的，因而是不幸的，我们为什么还要追求一种更好的未来呢？[①]

修正主义的这个论点极度低估了弗洛伊德理论中有关冲动的可变程度，即发生历史变迁的程度的思想。死亡本能及其派生物也不例外。我们曾表明，死亡本能的能量并不必然“瓦解”想获得一个“更好的未来”的努力。相反，瓦解这些努力的，是文明强加给生命本能的系统压制，是由此导致的生命本能对攻击的束手无策。要实现一个“更好的未来”，就不仅要消除“市场”的不良特征，消除竞争的“冷酷无情”等等，还要根本改变本能结构和文化结构。人们之所以不再去追求这样一个“更好的未来”，不是由于弗洛伊德意识到了这些后果，而是因为修正主义把这些后果“精神化”了，这就掩盖了把现在与

① 霍尼：《精神分析的新方法》，第132页。

将来分隔开来的鸿沟。弗洛伊德并不相信未来的社会变化可以充分地改变人类本能，使人摆脱内外压迫，但他的“宿命论”也不是绝对的。

对本能理论的篡改终于颠倒了弗洛伊德理论。弗洛伊德理论的内在方向(与从本我到自我的“治疗计划”明显相反)是从意识到无意识，从人格到童年，从个体过程到属系过程。他的理论从表面深入到内部，从“完成了”的、受制约的人深入到他的根源。这是弗洛伊德对文明批判的核心，因为只有借助成熟个体及其私人生存和公共生存的神秘形式背后的这种“倒退”，他才能在这些形式的基础中发现它们的根本的否定性。而且，弗洛伊德只有把他的批判性向后推向最深的生物层次，方能说明这些神秘形式的破坏内容及文明压抑的完整范围。认为生命本能的能量就是力比多，这意味着生命本能的满足是与精神的先验论相矛盾的，因为弗洛伊德的幸福和自由观就其是唯物主义——它反对把欲望精神化——而言，显然是批判的。

新弗洛伊德主义者扭转了弗洛伊德理论的这个内在方向，把着重点从有机体转向人格，从物质基础转向理想价值。不过，他们的各种修正逻辑还是一致的：一个蕴含了另一个。其全部修正可以概括为：“文化定向”遇到了作为既成产品的、以客观实体(即给予的而不是造成的事实)形式出现的社会机构和社会关系。要承认这种形式的社会机构和社会关系就必须把心理学重心从幼儿转到成人，因为只有在高度发展的意识阶段，才可认为文化环境决定着超越了生物阶段的性格和人格。相反，只有降低生物因素的作用，通过对本能理论的篡改，才可根据客观的文化价值标准来规定人格，这是一些脱离了否定着人格实现的压抑性基础的价值标准。要把这些价值标准看做自由和满足，就必须清除构成它们的材料。而争取实现这些标准的斗争必须转变成精神的、道德的斗争。修正主义者并不像弗洛伊德那样坚持本能需要具有持久性的真理价值，具有一种为了使人类的人际关系能发挥作用而必须予以“抛弃”的真理价值。由于弗洛伊德这样坚持了精神分析理论，才使这种理论获得了一切批判性见解，而修正主义者由于没有这样来坚持这种理论，结果便屈从于他们曾振振有词地批判过的具有否定性特征的现实原则。

# 译后记

把当代哲学中的某个哲学派别与马克思，特别是早期马克思的思想相融合，试图为治疗今日发达工业社会的弊病提供药方，并为未来社会设计宏伟蓝图，可以说是一些西方马克思主义流派的重要倾向。在这方面，本书作者，当代美国著名哲学家和社会思想家，法兰克福学派的主要代表之一赫伯特·马尔库塞就是一个突出人物。

马尔库塞生于德国柏林的一个犹太资产阶级家庭。1917 年曾参加德国社会民主党左翼，后因对该党叛变革命、实施暴力的行径不满而于 1919 年退出。随后便到弗赖堡大学，先后受教于现象学大师胡塞尔和存在主义创始人海德格尔，并在海德格尔指导下，于 1922 年写成了博士论文《黑格尔的本体论与历史性理论的基础》，获弗赖堡大学哲学博士学位。以后，他又从事6年的书籍出版、发行工作。1929年，他重返弗赖堡进行哲学研究，3年后又因与其老师海德格尔在政治观点上发生分歧而离开了这个城市。这时，他结识了正在为法兰克福社会研究所网罗人才的新任所长马克斯·霍克海默尔，并成为该研究所的正式成员。当1933年希特勒执政时，他便亡命瑞士日内瓦，在法兰克福社会研究所预先设在该地的办事处供职。次年他移居美国，并于1940年起在美国定居。那时他在法兰克福迁往哥伦比亚大学的社会研究所主持工作。第二次世界大战期间，他曾在美国国务院情报研究所任职，战后任东欧组组长。以后他又重返教坛，先后执教于哥伦比亚大学(1951年)、哈佛大学(1954年)、勃兰第斯大学(1954—1967年)、加利福尼亚大学圣地亚哥分校(1967年起)。在此期间，他并未自囚于书斋，而是积极干预现实，特别是对60年代末在西欧、北美出现的那场既不满意资本主义社会，又反对十月革命道路的学生造反运动倾注了巨大的热情。他被公认为这场运动的"精神领袖"、"青年造反之父"、"发达工业社会最重要的马克思主义理论家"，甚至被与马克思、毛泽东相提并论，与这二者并称为"三M"。[①]1979年7月29日，他在应马克斯-普朗克研究所之邀赴西德访问和讲学途中，逝世于施塔贝恩克，终年81岁。

① 英语中"马克思"、"毛泽东"和"马尔库塞"三个词的第一个字母都是M，故称"三M"。——译者

马尔库塞毕生致力于把某些哲学思潮与马克思的学说相结合，这种说法是完全符合事实的。然而，他同任何一位大思想家一样，在其一生漫长的学术生涯中，如果不说其理论观点，至少其研究重心也发生过一系列的转折。他先后发表的大量著作就留下了其思想发展的轨迹。在《历史唯物主义现象概要》（1928 年）、《论具体的哲学》（1929 年）中，他提出了一种被称为海德格尔-马克思主义的学说，把马克思主义的历史哲学解释成为能实现完整的人而解放必然的新现实的激进行动的理论。这可以说是把存在主义与马克思主义结合的最早尝试。他发表于柏林《社会》杂志上的《历史唯物主义基础的新材料》（1932 年），表达了他对当时刚问世的马克思的《1844 年经济学哲学手稿》的独特看法，最早提出了有两个马克思，并要求回到作为一个人道主义者的青年马克思去的观点。他在进入法兰克福学派以后所著的《哲学与批判理论》（1937 年）和《享乐主义》（1938 年）中主要认为，哲学的重要功能是对存在的批判。这一论点奠定了法兰克福学派著名的社会批判理论的基础。他在《理性与革命》（1941 年）中，从黑格尔的哲学立场出发，进一步阐发了这个观点。他认为否定性，即对现实持批判态度是黑格尔哲学区别于实证哲学的基本精神，并试图把这种精神贯彻到马克思的思想中去，或者说试图揭示马克思理论中的黑格尔思想根源，从而提出一种黑格尔主义的马克思主义理论。进入 50 年代以后，以《爱欲与文明》为开端所发表的一系列后来被称为青年造反运动教科书的著作则表明，马尔库塞的思想发生了一个新的转折：用弗洛伊德理论补充马克思思想，并以此为武器批判发达资本主义社会，描绘未来文明的蓝图。属于这方面的著作还有：《苏联的马克思主义》（1958 年），批判苏联的理论和实践违背了马克思的原来设想；《单向度的人》（1964 年），主要批判现代资本主义社会把既有物质需要又有精神需要的双面的人变成完全受物质欲望支配的单面的人，使具有批判功能的哲学成为与统治阶级利益协调一致的单面的思想；《论解放》（1968 年），要求由积极的少数人去教育和拯救必然是被动的多数人，以消除资本主义社会的弊端；《反革命和起义》（1972 年），则是对 60 年代末青年的造反运动的总结。

毫无疑问，《爱欲与文明》一书是标志马尔库塞思想发展的一个重大里程碑。这部著作原是作者在 1950 年至 1951 年间在华盛顿精神病学院的讲稿。该书出版时所用的副标题是“对弗洛伊德理论的哲学探讨”，它表明，与一些新弗洛伊德主义者往往乐意自我标榜的做法不同，马尔库塞在此既不想大言不惭地对弗洛伊德理论作某种修改和补充，也不想战战兢兢地为这种理论提供某种更精确、更详尽的解释，用他本人的话说，他只是想对包含于弗洛伊德理论中的批判的政治理论和哲学理论做一些引申和阐发，并与马克思的学说相结合，提出一种批判的文明理论。诚然，无论在政治上，还是在哲学上，弗洛伊德理论本质上都是保守的，而不是批判的。但一方面，由于他的理论在实践过程中随着新的证据的发现而不断地得到重建；另一方面，正如他自己所说的，由于他只是一个科学家和医生，而不是一个社会学家、思辨哲学家，因而没有建立一个逻辑上一以贯之的思想体系，这样，在其理论中也就不可避免地会包含某些相反的、对社会持批判态度的因素。而这正是马尔库塞惟一关心的东西。因为只有这样，他才能把弗洛伊德主义与马克思主义熔于一炉。下面，我们可以从三个方面具体考察一下，在《爱欲与文明》一书中，马尔库塞究竟是怎样把这两种截然不同的学说结合起来的。

第一，他把弗洛伊德的爱欲本质论与马克思的人类解放论相结合，提出了一种爱欲解放论。弗洛伊德把人的心理结构分为意识和无意识。在他看来，由于受快乐原则支配的无意识是先天形成的，因而更能体现人的本质。无意识中的主要本能是生命本能和死亡本能。由于人首先是一种存在，因而人的本质首先就是与存在原则相一致的生命本能。这种生命本能就是爱欲。在现代文明中，人受到压抑，就因为作为他的本质的爱欲受到压抑。因此，马尔库塞指出，当马克思说人的解放时，实际上也就是指爱欲的解放。

但马尔库塞明确指出，爱欲的解放决不能等同于性欲的放纵。虽然弗洛伊德没有明确区分爱欲与性欲，但二者还是有重大区别的。性欲仅仅是关于两性关系的欲望，而爱欲作为生命本能，则蕴含更多的内容，既包括性欲，也包括食欲、休息、消遣等其他生物欲望。性欲对个人来说只能获得局部的、短暂的快乐，而且还常伴之以痛苦和给社会带来混乱。可是，爱欲则会使个人获得一种全面、持久的快乐，并使社会建立起一种新的关系。这是因为爱欲的器官遍及人体的各个部位，爱欲的活动囊括了人类的一切活动。因此，马尔库塞在给弗罗姆的一封信中断言，弗洛伊德没有把爱欲等同于性欲，而是将性欲看做爱欲向温柔和爱慕的自我升华，因此他并不认为人的解放就是人的性欲的毫无限制的满足。

马尔库塞认为，很明显，解放爱欲的关键就是要解放劳动，换言之，就是要使爱欲进入劳动领域，使人摆脱异化劳动的痛苦，在劳动中获得快乐。这是因为在人的一切活动中，劳动毕竟是最基本的。这一点，弗洛伊德也多少有点意识到了。例如，他认为，工作为力比多构成的各种冲动的释放提供了大量的机会。但他没有区分异化的工作与非异化的工作。马尔库塞认为，能满足爱欲的只是非异化的工作，是人的各种器官和机能的自由消遣。这种消遣，不像异化劳动那样，只是为了人的自我保存而提供必要的生活资料。相反，它的本性就是满足爱欲，而且除了提供这样的满足，别无他骛。马尔库塞认为，这个思想不仅符合而且补充了马克思的思想。马克思把劳动看做人的本质，从而认为人的解放就是劳动的解放。然而只有把劳动与爱欲相联系，认识到劳动的解放就是爱欲的解放，才能说明人何以能在劳动中实现自己而获得快乐。

第二，他把弗洛伊德关于在现代文明中爱欲受压抑的观点与马克思关于劳动被异化的观点相结合，发起了对现代资本主义社会的总批判。人的本质要求解放，可是在现代资本主义社会中，它却受到压抑。对此，马尔库塞认为，马克思晚期以阶级斗争和剩余价值理论为武器所作的批判已经显得不合时宜了。相比之下，马克思在早期根据异化劳动理论所作的批判倒是击中要害的。因此他呼吁回到早期马克思的思想轨道上去，把批判的重点放在现代资本主义社会对人性的压抑和摧残上，但他又认为，由于马克思没有进一步明确地、具体地规定人的本质究竟是什么，他的批判也就缺乏可靠的标准。因此，这里还必须用弗洛伊德的爱欲理论来补充，以便根据人的爱欲是否真正得到了满足，或者在多大程度上得到了满足，劳动是否成了，或在多大程度上成了一种作为自在目的的爱欲活动，从而确定人的本性在现代文明中是否受到压抑，或在多大程度上受到压抑。

正是根据这一点，马尔库塞对现代资本主义社会作了深刻的批判。他认为现代资本主义社会是压抑爱欲的社会。在这个社会里，尽管表面上性自由泛滥，但由于性关系越来越紧密地依附于社会关系，性自由被用来为统治利益服务，性活动越来越成为手段而不是目的。所以在这种性自由背后对爱欲的压抑更严重了。这种压抑主要表现为劳动的异化。随着科学技术的高度发展，劳动分工的日益专门化，人们在劳动中从事越来越单调乏味、千篇一律的操作，人越来越成为一种工具。而且，马尔库塞还进一步指出，现代资本主义社会不仅压抑着作为人的本质的爱欲，而且还把不属于人的本质的东西强加于人，把人的欲望和需要纳入整个资本主义秩序，使人们陷入深深的异化状态而麻木不仁。因此，现代资本主义社会虽然是人类文明迄今达到的顶点，但是，同时也是爱欲受到压抑的顶点。

第三，他把弗洛伊德对爱欲受压抑的社会根源的分析与马克思对人类苦难的社会根源的分析相结合，论证了解放爱欲、建立一种非压抑性文明的可能性。马尔库塞也承认，非压抑性文明的不可能性是弗洛伊德理论的一个基石。因为弗洛伊德有一个基本假设，即认为文明与爱欲是对立的。人类的文明史，也就是人类的爱欲被压抑的历史。这就是说，爱欲被压抑有其生物学上的必然性：它本身就具有反社会的性质。因此不是压抑爱欲，便是毁灭文明。非压抑性的文明是不可能建立的。但马尔库塞也注意到，弗洛伊德理论中还包含一些可能与这个基本假设正相对立的成分。例如，他在一定程度上看到，爱欲受压抑也有其社会历史根源。在1908年的《文明的性道德与现代神经症》一文中，弗洛伊德就认为，维多利亚伦理规范使神经症和新的精神病有增无减，特定文明的要求限制了人类的爱欲活动。不仅如此，弗洛伊德在一定程度上还看到了非压抑性文明的可能性。因为他认为，在人格最深层的无意识中，保存着以前本能欲望得到完整满足的记忆，而这种记忆将促使人们为重新争取这样的满足状态而斗争。

马尔库塞进一步发展了这种思想。首先，马尔库塞认为，爱欲有一种内在的约束力、凝聚力，但并不具有反社会性，因而也并不必然与文明相冲突。其次，为了明确区分弗洛伊德所未能明确区分的爱欲受压抑的生物根源与社会历史根源，以证明建立一种非压抑性文明的真实可能性，马尔库塞在弗洛伊德的两个基本概念“压抑”与“现实原则”之外，又增加了两个相应的概念：“额外压抑”和“操作原则”。弗洛伊德认为人的爱欲受现实原则的压抑，这无疑是正确的。但马尔库塞认为，还必须区分作为一般文明要求的现实原则与作为特定文明形式要求的现实原则即操作原则，区分基本压抑与额外压抑。作为一般文明要求的现实原则的根据是缺乏这个基本的事实。由于经济上的贫困和克服这种贫困所需的劳动，要造就文化就必须对爱欲作一定限度的限制、克制或延迟。这是一种基本的压抑。它是不可避免的，因而在一定意义上是合理的。但另一方面，物质资料(不管仍是缺乏的，还是已经丰富了的)分配方式与生产物质资料的劳动组织方式总是强加于人的。它们代表了特定文明阶段的统治利益，因而是操作原则。它们对人的爱欲所强行施加的压抑是在一般文明要求的基本压抑之外的、为维持特定统治形式所必需的额外压抑。

马尔库塞认为，在以往几个文明发展的阶段，由于爱欲受到这种双重的压抑，因此文明本身不遭受灭顶之灾，压抑就不能消除，爱欲就得不到解放。但在现阶段，文明不再与爱欲发生冲突，相反，文明的发展为消除压抑创造了条件：科技的发展可以把一切不悦的工作降到最低限度，甚至予以取消；物质资料的丰富可以消除匮乏的威胁。文明不必抑制人的本能，而应当允许这些本能履行自己的功能，使人尽可能获得最大的快乐和满足，这就是说，快乐原则与现实原则的冲突消除了，因而对爱欲的基本压抑也就没有理由存在了。然而人们面对的事实是，在现代发达工业社会里，人类的爱欲所受的压抑不仅没有消失和减轻，反而变本加厉地严重起来。很显然，这是这个社会的操作原则为维持这个特定社会的生存而对爱欲所作的额外限制。既然如此，消除这种压抑，彻底解放爱欲，就不会颠覆文明本身，而只会推翻现行社会的统治秩序。在此之后，一种没有压抑的文明就可能诞生出来。

上面的考察表明，对马尔库塞在《爱欲与文明》一书中阐述的爱欲解放论，不论人们作什么样的解释，都决不能与性欲放纵论混为一谈。如果像不少人所认为的那样把爱欲解放论看做60年代末开始在美国出现的性放纵思潮的理论根据，那更是一种误解。当然，爱欲的解放也包括性欲的解放，但性欲的解放决不是性欲的放纵。因为马尔库塞虽然反对借先天伦理规范之口对人的性行为严加限制，但他也反对把人类自由等同于泛滥成灾的性放纵。因为，马尔库塞的爱欲解放论本质上是一个严肃的社会政治理论，是一个批判的文明发展理论。而且其意义可能还不限于此。马尔库塞指出，在弗洛伊德那里，主要本能，即生命本能和死亡本能都属于有机体。而由于有机体一方面向下与无机物相联系，另一方面向上与精神现象相联系，本能理论就包含了对存在的一些基本看法，因而具有本体论意义。这样，它就汇入了西方哲学的主流之中。马尔库塞指出，以黑格尔为顶峰的传统哲学一直用一种理性的逻各斯规定存在，认为最高的存在乃是奴斯，是精神。但在现代哲学中，出现了由叔本华和尼采哲学为代表的一股逆流，它有自己的逻各斯即满足的逻各斯，并用意志和快乐来规定存在。马尔库塞指出，弗洛伊德思想的深刻意义也只有置于这股逆流之中，才能被认识清楚。弗洛伊德把爱欲规定为存在的原则，把死亡本能规定为非存在的原则，因此在弗洛伊德元心理学中，这两种本能的结合与传统形而上学中存在与非存在概念的结合是极其类似的。从这种观点看，马尔库塞的爱欲解放论其实也是一种寻求新的存在即本质上是快乐的存在的理论，因而不仅是一种激进的社会批判理论，也是一种深刻的哲学本体论。

本书根据美国波士顿灯塔出版社 1974 年版译出，同时增译了 1961 年标准版的一个序言。由于译者水平有限，错误之处，敬请广大读者指正。

译　者

**图书在版编目(CIP)数据**

爱欲与文明/(美) 马尔库塞(Marcuse,H.)著;
黄勇,薛民译. —上海:上海译文出版社,2012.4 (2024.12重印)
(译文经典)
书名原文:Eros and Civilization
ISBN 978-7-5327-5762-6

Ⅰ.①爱… Ⅱ.①马… ②黄… ③薛… Ⅲ.①弗洛伊德,S.(1856~1939)—思想评论 Ⅳ.①B84-065

中国版本图书馆 CIP 数据核字(2012)第 035114 号



**爱欲与文明**
〔美〕赫伯特·马尔库塞 著 黄勇 薛民 译
责任编辑 /张吉人 装帧设计 /张志全工作室

上海译文出版社有限公司出版、发行
网址:www.yiwen.com.cn
201101 上海市闵行区号景路 159 弄B座
山东韵杰文化科技有限公司印刷

开本 787×1092 1/32 印张 9.5 插页 5 字数 149,000
2012 年 4 月第 1 版 2024 年12月第15次印刷
印数:47,001—50,000 册

ISBN 978-7-5327-5762-6
定价:42.00 元